U0181935

镁基水冲压发动机燃烧过程研究

黄利亚　夏智勋　张为华　韩　超　方传波　著

科学出版社

北　京

内 容 简 介

超高速鱼雷、跨介质导弹等先进武器系统的发展,对水下推进系统提出了更高要求。水冲压发动机具有能量密度高、比冲大、结构简单且可靠性高等特点,能够大幅提高水下推进系统性能。本书围绕镁基水冲压发动机,采用理论分析、数值模拟与试验研究相结合的方法,重点对发动机内部燃烧流动过程开展了系统深入的研究。通过试验观测获得了水蒸气中镁颗粒着火与燃烧过程、水反应金属燃料稳态燃烧过程的特性与规律,揭示了发动机内部燃烧机理;建立了发动机内部分区燃烧模型和数值仿真方法,分析了发动机点火与燃烧过程;系统考察了进水距离、进水角度、水燃比及其分配,以及进水雾化特性等参数对发动机内部燃烧过程的影响规律,建立了发动机燃烧组织方法,并完成了地面试验验证。

本书是对镁基水冲压发动机方面研究成果的系统总结,可为航空宇航推进、水下动力推进领域相关本科生、研究生和广大科研工作者提供参考。

图书在版编目(CIP)数据

镁基水冲压发动机燃烧过程研究 / 黄利亚等著. —
北京:科学出版社,2022.6
　ISBN 978 - 7 - 03 - 070424 - 5

　Ⅰ.①镁… Ⅱ.①黄… Ⅲ.①冲压喷气发动机—燃烧
过程—研究 Ⅳ.①V235.21

中国版本图书馆 CIP 数据核字(2021)第 220415 号

责任编辑:徐杨峰 / 责任校对:谭宏宇
责任印制:黄晓鸣 / 封面设计:殷 靓

科学出版社 出版
北京东黄城根北街 16 号
邮政编码:100717
http://www.sciencep.com

南京展望文化发展有限公司排版
广东虎彩云印刷有限公司印刷
科学出版社发行 各地新华书店经销

＊

2022 年 6 月第 一 版　开本:B5(720×1000)
2022 年 6 月第一次印刷　印张:12 3/4
字数:221 000

定价:**110.00 元**
(如有印装质量问题,我社负责调换)

前　言

　　现代水声对抗和防空反导技术的发展,给海上反潜、反舰武器带来了严峻挑战,各国竞相研制突防和抗干扰能力强的海上打击武器,出现了超高速鱼雷、跨介质反舰导弹等新型、新概念武器装备,而先进武器系统的发展也对水下推进系统提出了更高要求。水冲压发动机是一种新型水下动力推进系统,它利用高金属含量的水反应金属燃料与外部海水燃烧产生推力,具有能量密度高、比冲大、结构简单且可靠性高等特点,是目前超高速鱼雷巡航推进系统的理想选择,也可作为今后跨介质导弹水下推进系统。

　　水冲压发动机内部工作过程包括燃料的燃烧、水的雾化与蒸发、燃气流与水的掺混及流动、金属/水燃烧等物理化学过程,且各子过程相互耦合、互相影响。由于金属燃料中不含氧化剂或者含量较少,其自身燃烧所能释放的热量有限;而作为氧化剂进入燃烧室的液态水,其蒸发过程需要吸收大量的热。在这种环境下,必须对金属燃料与水的燃烧过程进行合理组织和控制,才能实现发动机的高效燃烧。因此,必须深入了解水冲压发动机内部燃烧过程的特性和规律,掌握发动机的内部工作机理,才能对发动机进行有效燃烧组织,实现发动机性能的进一步优化。本书围绕镁基水冲压发动机,采用理论分析、数值模拟与试验研究相结合的方法,重点对发动机内部燃烧流动过程开展了系统深入的研究。

　　本书作者长期从事新型固体冲压推进的教学和科研工作,作者所在单位针对水下动力推进方向开展了二十余年的持续研究,积累了一系列研究成果,本书是对镁基水冲压发动机方面研究成果的系统总结。全书共分为6章,第1章绪论介绍水冲压发动机研究背景与意义,综述相关领域研究进展;第2章研究水蒸气中镁颗粒的着火与燃烧过程;第3章研究水反应金属燃料稳态燃烧过程;第4

章论述水冲压发动机试验与数值模拟方法;第 5 章分析水冲压发动机点火与内部燃烧过程研究;第 6 章论述水冲压发动机内部燃烧组织方法。第 1、2、4~6 章由黄利亚所著,第 3 章由韩超所著,夏智勋、张为华、方传波参与了本书研究工作。全书的框架结构与统稿工作由黄利亚完成,刘宇轩、张杰、张拴保、孟梁、李鹏飞、肖帆协助校对和文字编辑工作。

本书相关研究工作中,胡建新教授、罗振兵研究员、申慧君高工提出了许多宝贵意见,黄序、吕仲给予了很多帮助。在此,我们一并表示衷心感谢!

由于作者水平有限,书中难免存在不妥之处,敬请读者批评指正。

作　者

2021 年 12 月

目　录

第4章　镁基水冲压发动机试验与数值模拟方法研究

第5章　镁基水冲压发动机点火与内部燃烧过程研究

第6章　镁基水冲压发动机内部燃烧组织方法研究

参 考 文 献

第 1 章

绪　　论

1.1　研究背景和技术内涵

1.1.1　研究背景

我国有着漫长的海岸线,应对海上突发事件和局部战争挑战,随时准备以军事行动维护国家海洋主权,是我国海军长期肩负的重任[1]。先进技术的发展和新武器的出现将影响海军未来的作战方式和改变海军的组成,建立在先进巡航动力推进技术上的超高速鱼雷这一新式武器将会影响鱼雷作战模式和效果[2]。超高速鱼雷巡航动力推进系统采用"超空泡"技术,使得在水下作战中高速突防、高速攻击、高效命中成为可能,从而改变了鱼雷等水中兵器的作战模式[3-5]。

航速是鱼雷的重要指标之一,主要根据攻击目标的速度来决定。一般而言,鱼雷的航速在 1.5 倍目标航速以上时才能满足攻击目标的要求[6-11]。目前常规鱼雷最高航速可达 50~55 kn,而航空母舰等大型水面舰艇航速为 25~35 kn,并装备较为完善的反导手段,具有强大的对海、对空及反潜火力,进一步提高鱼雷航速是加大其攻击能力的有效手段[12]。

1995 年的阿布扎比国际防务展览会上,俄罗斯首次公开展示了"暴风雪"超高速鱼雷,如图 1.1 所示。该鱼雷重 2.7 t,直径 533 mm,长度 8.2 m,采用超空泡减阻技术和水冲压发动机技术相结合的方式,实现了水中航速约为 200 kn,航程 10 km[2]。图 1.2 是超高速鱼雷剖面示意图,鱼雷头部安装有空化器,且自身携带空化气储罐,巡航推进系统采用水冲压发动机[13]。该鱼雷工作过程中,头部空化器产生的大量气泡包裹着鱼雷弹体,大大减小了航行阻力[3,4,14,15];水冲压发动机利用外界海水作为氧化剂与内部水反应金属燃料反应,有效提高了发动机比冲[13]。超高速鱼雷以其打击狠、速度快、抗干扰能力强的特点,扮演着航母终结者的角色,它的出现是鱼雷发展史上的一次革命性飞跃,对未来海战方式和鱼雷武器的发展将产生广泛的影响。近年来,超高速鱼雷相关技术已成为各国竞相研究的热点。

图 1.1　俄罗斯"暴风雪"超高速鱼雷

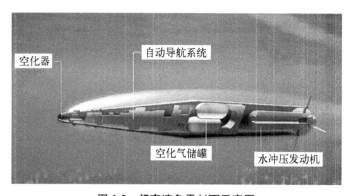

空化器

自动导航系统

空化气储罐

水冲压发动机

图 1.2　超高速鱼雷剖面示意图

1.1.2　水冲压发动机技术

1.1.2.1　水冲压发动机

水冲压发动机是一种全新概念的水下动力推进系统,它利用高能水反应金属燃料与外部海水反应产生推力,具有能量密度高、比冲大、结构简单且可靠性高等特点,是目前超高速鱼雷巡航推进系统的理想选择[16-21]。图 1.3 是水冲压发动机内部工作过程示意。发动机工作过程中,燃料燃烧生成含有大量金属的富燃燃气;冲压水流通过进水管路输送到发动机,经喷嘴雾化后进入燃烧室;在燃烧室中,雾化后的水滴受高温燃气流加热蒸发生成水蒸气;燃气流中的金属与水蒸气混合燃烧,并释放大量的热;高温燃气经喷管膨胀喷出产生推力[4,5,22,23]。

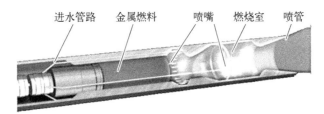

进水管路 金属燃料 喷嘴 燃烧室 喷管

图 1.3 水冲压发动机内部工作过程示意图

水冲压发动机内部工作过程包括燃料的燃烧、水的雾化与蒸发、燃气流与水的掺混及流动、金属/水燃烧等物理化学过程,且各子过程相互耦合、互相影响。由于金属燃料中不含氧化剂或者含量较少,其自身燃烧所能释放的热量有限;而作为氧化剂和工质进入燃烧室的液态水,其蒸发过程需要吸收大量的热。在这种环境下,需要对金属燃料与水的燃烧过程进行合理组织和控制,才能实现发动机的高效燃烧。因此,必须深入了解水冲压发动机内部燃烧过程的特性和规律,掌握发动机的内部工作原理,才能对发动机进行有效燃烧组织,实现发动机性能的进一步优化。

1.1.2.2 水反应金属燃料的选择

水反应金属燃料主要由金属、氧化剂、黏合剂和添加剂制备而成,当金属含量较低时,燃料在其自身氧化剂的作用下,一般具有自维持燃烧能力。水冲压发动机工作过程中,燃料燃烧产生含有大量金属的富燃燃气,燃气中的金属与水反应释放热能,提供发动机能量[24-31]。表 1.1 是几种常见金属与水反应能量密度对比,铍与水反应释放的能量密度最高,其他几种金属按体积能量密度和质量能量密度比较,其大小各有不同。

表 1.1 几种常见金属与水反应能量密度对比

金 属	体积能量密度/(J/mm³)	质量能量密度/(kJ/g)
Li	16.926	31.878
Be	67.200	36.204
Mg	22.764	13.104
Al	40.950	15.485

表 1.2 是几种常见金属的基本属性[32,33]，钠和锂熔点很低，金属活性高，但不便于制备和贮存；铍熔点和沸点较高，金属活性低，且能量密度高，但其与水的反应很难启动；铝和镁熔点较低，金属活性适中，且贮存稳定性好，因而常用于制备水反应金属燃料。另外，金属颗粒表面通常覆盖有一层金属氧化物，颗粒内部的金属需要破坏表面覆盖的氧化物才能与水反应。由于铝颗粒表面氧化铝的熔点和沸点较高，使得铝颗粒在水蒸气中的着火温度较高，通常需要外加能量或对铝进行改性处理才能启动铝/水反应；而镁颗粒表面氧化镁的熔点低，镁颗粒在水蒸气中的着火温度相对较低，镁/水反应启动更加容易。因此，本书研究的水冲压发动机采用镁基水反应金属燃料，该燃料以镁作为制备的主要成分，并将此类水冲压发动机称为镁基水冲压发动机。

表 1.2　几种常见金属的基本属性

元素符号	分子量/(g/mol)	密度/(g/cm³)	熔点/K	沸点/K	汽化潜热/(kJ/mol)
Na	22.9	0.97	370.87	1 156	97.42
Li	6.94	0.535	452	1 609	135.96
Be	9.01	1.86	1 558	3 243	309.35
Al	26.98	2.70	933	2 740	284.44
Mg	24.3	1.74	923	1 390	136.13

镁基水冲压发动机工作过程中，镁金属以熔融液滴形式离开燃料燃面进入燃烧室，熔融镁颗粒在燃烧室内的驻留时间和燃烧寿命将影响发动机的性能，而目前水蒸气中镁颗粒燃烧机理和过程尚不明确，因此，开展水蒸气中镁颗粒着火与燃烧过程研究，有助于深入了解水冲压发动机内部燃烧过程及进行有效的内部燃烧组织。

围绕镁基水冲压发动机技术，本书以提高高金属含量镁基水冲压发动机性能为出发点，综合采用理论分析、试验研究和数值模拟方法，系统研究发动机内部镁/水燃烧机理、燃烧过程的特性和规律，以及结构参数和工作参数对燃烧过程的影响，以深入了解发动机内部工作原理，掌握发动机内部高效燃烧组织方法。

1.2　相关领域研究进展

1.2.1　水冲压发动机技术发展

作为超高速鱼雷巡航推进系统的理想选择，水冲压发动机以其能量密度高、比冲大等特点正受到各军事强国的关注,不少国家先后投入巨资开展水冲压发动机研究,俄罗斯等国已率先将水冲压发动机应用到具体武器型号中。

苏联:苏联是最早开始水冲压发动机及其燃料研究的国家[34]。在考虑了多种推进系统(包括柴油机、电动机、原子动力装置、高速柴油机及燃气轮机等)后,得出如下结论:采用金属(铝、镁或锂等)作为燃料,外部水作为氧化剂和工质,并利用高效燃气轮机或喷气推进系统所组成的动力装置,是水下武器实现超高速航行的最佳途径。

俄罗斯研制的"暴风雪"超高速鱼雷(图 1.1)主要用于打击舰艇、基地要塞和港口防御设施,封锁海上航线。该鱼雷最初由乌克兰流体力学研究所在 60 年代初期开始研发,1977 年正式面世后,苏联一直致力于鱼雷的改进。1998 年俄罗斯官方透露,"暴风雪"系列又一个新型号 Shkval Ⅱ 已经研制成功,虽然没有公开的准确数据,但西方情报界猜测 Shkval Ⅱ 的性能比"暴风雪"鱼雷已有极大改进,航速可达 268 kn。有关"暴风雪"鱼雷的最新消息显示,乌克兰科学家已经为该鱼雷研制成功高速制导和机动技术。此外,俄罗斯还生产了"暴风雪"鱼雷的出口型 Shkval E。

"暴风雪"鱼雷是先进的"超空泡"技术和水冲压发动机技术在水下航行器中的最新应用。鱼雷装有两台发动机,第一台为固体火箭发动机,第二台为水冲压发动机。第一台发动机点火,实施双平面程序控制,将鱼雷导引至攻击深度,然后启动第二台发动机,以超高速直航弹道攻击目标,发射深度为 10~150 m,工作深度为 4~400 m。

美国:美国在研究试下航行器推进系统方面,提出采用铝/水燃烧水下动力系统,其原理如图 1.4 所示。该系统基于兰金循环,采用海水作为氧化剂,铝作为燃料,反应后产生热量用来加热水产生高温高压水蒸气与氢气推动涡轮做功,带动螺旋桨产生推力;经过涡轮后气流中的氢气可供给燃料电池发电,水蒸气则流经冷凝器后变成液态水,经水泵后再进入燃烧室与铝颗粒发生反应。目前该系统已完成该类动力系统方案的论证,证明此类动力系统具有较高的能力密度[20]。

伊朗:伊朗国家电视台报道,在 2006 年 4 月初进行的联合军事演习中,伊朗海军成功地发射了一枚高速水下导弹。图 1.5 是伊朗高速水下导弹发射现场。该导弹号称是"世界上最快的水下导弹",伊朗革命卫队海军副司令阿里·法达维将军说,这种"导弹"的速度达到了 100 m/s,一旦发射,敌舰根本无法规避[24]。

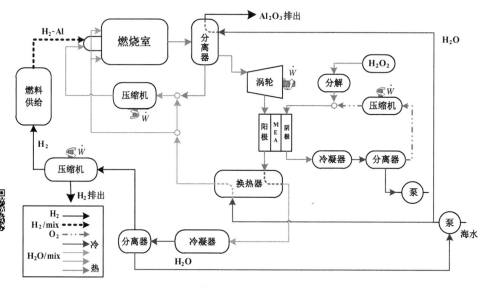

图 1.4　铝/水燃烧动力系统原理图

图 1.5　伊朗高速水下导弹发射现场

西方军事评论家认为,伊朗的水下高速导弹(称为"鲸"或"闪电")摆脱不了俄罗斯"暴风雪"鱼雷的影子,它很可能是在"暴风雪"鱼雷的基础上发展而来,同样采用了超空泡减阻技术和水冲压发动机技术相结合的方式。

中国:从 20 世纪 90 年代起,国内开始水冲压发动机的相关技术研究工作,已开展了发动机概念原理论证、水反应金属燃料制备、热力性能计算、数值计算分析和初步试验研究等方面工作。

在水冲压发动机基础理论和方法研究方面,中国航天科工集团有限公司三十一研究所[35,36]、西北工业大学[37,38]、中国航天科技集团有限公司第四研究院[39]和国防科技大学[40,41]等单位开展了水冲压发动机原理探索、热力计算方法及理论性能研究。根据水冲压发动机对燃料及其特性的要求,中国船舶重工集团 705 所[42]、中国船舶重工集团 718 所[43,44]、国防科技大学[45,46]、中国航天科技集团有限公司第四研究院[47~49]等单位对金属与水反应机理、水反应金属燃料基本组成、配方和成型工艺进行了研究。根据发动机性能及实验要求,中国船舶重工集团 705 所、中国航天科工集团有限公司三十一研究所、中国航天科技集团有限公司第四研究院、国防科技大学等单位,进行了发动机原理性探索实验和相关试验研究,建立了原理性试验用试车台及试验系统。

其他国家:据报道,法国从俄罗斯购买了几枚"暴风雪"鱼雷用以研究,德国的高速鱼雷研究已经走在了欧洲的前列。由于水冲压发动机技术及其应用研究的军事敏感性,还未见欧洲其他国家及日本的相关研究报道。

综上所述,在水冲压发动机技术发展方面,俄罗斯/乌克兰最早开始研究,已成功应用于鱼雷型号并装备部队。美国已开展相关技术研究,据报道其采用水冲压发动机的超高速鱼雷已进入样机试验阶段。国内虽已在水冲压发动机技术方面开展了概念原理论证、水反应金属燃料制备、热力性能计算、数值计算分析和初步试验研究等方面工作,但由于研究工作起步晚等原因,发动机内部镁/水燃烧机理及其工作原理还未完全掌握,这给发动机内部燃烧组织和性能优化带来了困难,亟需进行相关领域的系统研究,为我国超高速水下推进系统的应用提供理论和技术基础。

1.2.2 镁颗粒着火与燃烧研究

20 世纪 50 年代末,金属添加剂在固体推进剂中的应用,推动了铝、镁等金属颗粒的着火燃烧特性研究[32]。由于研究主要是针对固体火箭发动机的燃烧环境,相关研究一般是基于金属颗粒与氧气的反应,且当时的研究手段较为落后。20 世纪 90 年代末,利用火星介质中的二氧化碳和土壤中的镁金属反应提供能量的发动机概念的出现,进一步推动了镁颗粒在二氧化碳中燃烧的相关研究[50]。但是,水蒸气中镁颗粒的着火燃烧研究较少。

Law[30,31]对氧气和氩气混合介质中的镁颗粒燃烧进行了试验研究。试验发现,颗粒燃烧为准定常过程,燃烧主要在气相中进行,伴随有颗粒表面的氧化镁沉积、金属蒸气的喷射、氧化物外壳破碎和颗粒旋转等;燃烧时间是颗粒初始粒径的函数,氧化镁在颗粒表面的沉积可造成颗粒燃烧提前停止。

Abbud-madrid 等[51-54]对微重力条件下镁颗粒在二氧化碳中的燃烧过程进行了试验观测。燃烧过程中颗粒火焰呈球对称状,稳态燃烧阶段颗粒外壳上的氧化物不断堆积;微重力下颗粒在二氧化碳中的燃烧时间是正常重力下的2倍,颗粒在二氧化碳中的燃烧时间是在氧气中燃烧时间的6倍,且燃烧时间与颗粒直径的平方呈正比;必须对颗粒持续加热才能实现在二氧化碳中燃烧,且主要发生表面反应,燃烧过程中熔融的镁颗粒外形成较厚的碳外壳;建立了考虑化学动力学和传质的数学模型,模型计算出的组分浓度场和温度分布与试验数据较接近。

Dreyer 等[53]针对球形镁颗粒燃烧建立了一维准定常扩散火焰模型,该模型认为金属蒸气从颗粒表面向外围扩散,同时考虑了质量传输和气相反应。对直径2 mm的颗粒燃烧进行计算,结果与试验观察的火焰特性基本一致。Dreyer等[44]应用平面激光诱导荧光(planner laser induced fluorescence,PLIF)技术对镁颗粒在二氧化碳和氧气中的反应进行了试验研究。试验发现,镁颗粒着火温度高于其熔点,两种介质中颗粒着火都是从表面上某一点开始触发的;在氧气中,火焰在颗粒着火后迅速蔓延到整个表面;而在二氧化碳中,火焰没能迅速传播;在21%的氧气中颗粒燃烧显示出准定常特性,燃烧分为三个阶段:燃烧建立段、准定常段和结束段;通过PLIF观测到氧化镁荧光在靠近颗粒表面的方向上逐渐减弱,表明氧化镁是在气相中形成,反应属于气相反应;在二氧化碳中,颗粒燃烧没有出现准定常段,燃烧过程出现脉动现象,这是由于反应产生的碳沉积在颗粒表面阻止镁蒸发向外扩散,燃烧受气相扩散反应和表面化学动力学共同控制。

Shafirovich 等[55]采用电悬浮装置,对高压容器内镁颗粒燃烧进行了试验研究。试验采用二氧化碳激光器加热镁颗粒,压强范围为0.1~0.2 MPa,颗粒粒径范围为50~100 μm。试验发现,不同粒径对镁颗粒燃烧速率的影响不大,且镁颗粒在二氧化碳中的着火过程由化学动力学控制,燃烧过程则主要由气相扩散控制。对二氧化碳中直径2.5 mm下镁颗粒的燃烧试验中还发现,镁颗粒在二氧化碳中属于气相燃烧,但燃烧过程中出现脉动现象。通过分析,提出了基于气相反应的方程 Mg + CO$_2$ === MgO + CO,以及发生在表面的反应方程 Mg + CO === MgO + C,且认为脉动现象是由于碳覆盖颗粒表面引起。

Dreizin 和 Hoffmann[56]利用微重力条件下较大直径(100~300 μm)的镁颗粒群创造一个"静止的浮质模型"。大量悬浮颗粒在恒压环境下进行燃烧,试验装置可以观测到颗粒燃烧火焰的发展过程、单颗粒的运动过程以及悬浮状态下的整个燃烧过程。根据发射辐射的强度和光谱含量可以将悬浮火焰划分为未燃区、预燃火焰区和燃烧区,预燃火焰区向未燃区的火焰传播速度为 0.15~0.30 m/s,燃烧区的火焰传播速度小于 0.1 m/s。

Legrand 等[57]使用二氧化碳激光器加热高压容器内的悬浮镁颗粒,通过高速摄影仪等设备观测镁颗粒的着火和燃烧过程,图 1.6 是镁颗粒燃烧试验系统示意图。通过试验研究发现,二氧化碳中镁颗粒的着火由化学动力学控制,燃烧属于扩散控制的气相燃烧;随着二氧化碳浓度减小燃烧时间增加,对于直径为 50 μm~2.5 mm 的镁颗粒,其在二氧化碳中的燃烧时间可用经验公式 $t_b = Kd_0^2$ 进行计算,其中 $K = 0.5 \ s/mm^2$;不同粒径的镁颗粒在二氧化碳中燃烧机理相同,所以大粒径镁颗粒燃烧的试验结论可应用于小粒径镁颗粒。

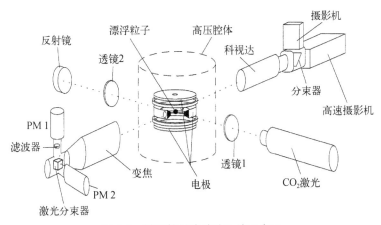

图 1.6 镁颗粒燃烧试验系统示意图

Miller 等[58,59]对氧气和水蒸气混合介质中镁颗粒的反应动力学进行了研究。在综合文献中试验数据的基础上,对镁颗粒燃烧进行理论计算发现,结合一定的逆反应速率,采用 Hertz-Langmuir 等式能够预示颗粒燃烧时镁的蒸发率;采用 $Mg-O_2$ 宏观动力学模型得到的计算结果与试验值吻合较好;低温条件下的镁颗粒燃烧过程中仍然伴随有水蒸气的热分解;氧化剂质量流率较高时,燃烧区向蒸发表面推进;当颗粒燃烧温度远低于沸点时,气相燃烧仍能进行。

Chozev 和 Kol[60]开展了镁颗粒在水蒸气中的燃烧过程试验研究。试验过程中,颗粒经过电热丝加热后向水蒸气介质中发射,采用双色测温法对运动轨迹上的颗粒温度进行测量,通过发射率确定颗粒表面物质组分。试验发现,在燃烧初始阶段,颗粒表面有纯镁存在;燃烧进行过程中,生成的氧化镁覆盖于颗粒表面。

Rosenband 等[61]进行了镁和硼在水蒸气中的燃烧试验,试验测量得到燃烧产生大量氢气占气相的 60%。Prachukho 等[62]开展了水蒸气中镁颗粒燃烧试验研究,获得了不同压强范围内的燃烧时间随粒径变化的拟合公式。

综上所述,镁颗粒的着火与燃烧研究主要集中在氧气和二氧化碳介质中,研究普遍认为氧气和二氧化碳中,镁颗粒燃烧主要由气相扩散过程控制;水蒸气中的相关研究较少,且由于试验手段有限,关于水蒸气中镁颗粒着火燃烧机理和过程的深入研究较少,有价值的结论不多。

1.2.3　水反应金属燃料及其燃烧特性研究

苏联从 1960 年开始研制用于"暴风雪"鱼雷的喷气推进动力装置,使用的燃料是可与海水反应的固体金属基燃料[63]。这种专用燃料在苏联科学院院士伊万斯科夫的领导下研制,是"暴风雪"鱼雷用喷气推进系统——水冲压发动机的核心技术之一,但是关于燃料的详细资料未见披露。

2002 年,美国宾夕法尼亚大学应用研究实验室(Applied Research Laboratory,ARL)[64]开始研究 Mg、Al 或合金粉末作为燃料的水冲压发动机以应用于水下推进。采用高压载气给料方式研究了 Al/H_2O、Mg/H_2O 水反应金属燃料的性能,并成功进行了原理发动机热试车。

郑邯勇[65]介绍了铝/水推进系统的原理,分析了其高能量密度的优点,对其研究现状进行了综述。通过对铝/水反应机理的实验研究与分析,考察了燃料中铝粉粒度、黏合剂种类和助燃剂种类对铝/水反应的影响规律。

张运刚等[47]、张文刚等[48]介绍了国外关于水反应金属燃料的一些研究方法和成果,并概述了国内水反应金属燃料的研究现状,分析了金属燃料与水反应的多种启动方法和工程应用前景。

范美强等[66]通过对铝基水反应金属燃料的定压比热、热导率、热扩散率、电阻率等性能参数的测试,发现某添加剂可以明显降低铝基水反应金属燃料的启动温度,使材料在常温下与水剧烈反应,显著提高燃料的定压比热、导电、导热性能。

陈支厦等[67]研究了叠氮类含能黏合剂枝化聚叠氮缩水甘油醚(branched glycidyl azide polymer,BGAP)作为黏合剂在水反应金属燃料中的应用效果。采用正交实验考察了 Al 含量、Al 粉粒度、黏合剂含量、燃速催化剂种类、固化温度和固化时间对燃料的燃速和密度的影响。

李是良、张炜等[68,69]研制出镁基水反应金属燃料,并对其自维持燃烧火焰特性进行研究,得到了燃烧波温度分布特征。

周星、张炜等[70,71]研究了 Mg/H_2O 反应特性和反应动力学,考察了体系温度、镁粒径和添加剂对 Mg/H_2O 反应特性的影响规律;研究了镁基水反应金属燃料在水蒸气环境中的反应特性,考察了配方参数对燃料/水反应特性的影响规律,筛选出两类反应的高效催化剂。

陈超等[72]研究了铝粉粒径对高铝含量富燃料推进剂自维持燃烧性能的影响,认为铝粉粒径大小对气相燃烧性能影响较大,而对推进剂凝相反应没有明显影响。

上述研究进展表明,国外关于水反应金属燃料的研究多集中在金属颗粒与水反应特性方面,未见有关水反应金属燃料燃烧机理的相关报道。近年来,我国在水反应金属燃料的相关技术研究方面取得了突破性进展,但在水反应金属燃料与水反应机理研究方面尚显薄弱,亟需开展深入研究。

1.2.4 固体推进剂燃烧过程实验研究

水反应金属燃料配方中含有氧化剂、黏合剂和金属燃料,属于复合推进剂的范畴,可以预见,水反应金属燃料的燃烧特性和复合推进剂的燃烧必然有相似之处,因此,在开展水反应金属燃料稳态燃烧机理研究时可借鉴复合推进剂的研究方法。

Zenin[73,74]通过微热电偶技术和计算处理得到了 HMX、RDX、HMX/NEPE (nitrate ester plasticized polyether propellant)黏合剂及 CL-20/NEPE 黏合剂混合物的燃烧波特征,测量了 0.05~10 MPa、样品温度变化条件下的燃速、燃烧波温度分布和燃面温度。通过计算处理得到气相对固相的热反馈、固相的释放热、固相加热层和气相反应区域的厚度,以及燃烧波热释放速率的分布等数据。确定了燃烧波中燃速的控制区域,建立了固相反应层化学过程的宏观动力学以及气化规则,为准确确定 NEPE 类推进剂在宽压强范围内的燃烧主导机制提供了实验基础。

Chen 和 Hsieh[75]采用开窗药条燃烧器和 CO_2 激光装置研究了 Mg/PTFE/Viton A(金属镁粉和氟碳化合物各占 50%)的点火和燃烧特性,实验在 100 kPa 下进行,激光辐射热流密度为 400 W/cm^2,采用镍铬金属丝点火,热电偶测量燃烧表面下和表面区域温度分布。实验过程中观察到燃面喷出的镁粒子,测得的点火延迟随推进剂氧浓度增加而增加。

Modiano 和 Vanderhoff[76]采用多波段红外吸收技术观察分析了硝胺推进剂和双基推进剂的暗区火焰结构,通过含有 1 024 个单元的铂-硅探测器组获得了 CO、CO_2、HCN 等的红外吸收光谱;实验采用碘钨灯作光源,圆柱形推进剂样品在开窗的氮气气氛燃烧器中燃烧。

Schroeder 和 Fifer[77]采用光声和微反射傅里叶变换红外光谱对含硝酸酯的推进剂的熄火表面进行了精细的检测,研究了表面反应层内所发生的化学反应。Korobeinichev 等[78-80]采用分子束质谱研究高压下 HMX/GAP 的燃烧过程,包括 HMX 蒸气的 11 种物质被确认,并且发现了火焰中化学反应的两个主要区域即冷焰区和亮焰区。

固体推进剂表面颗粒喷射的初始条件影响到其运动轨迹、流场中的两相流的计算及残渣的沉积。Xiao 等[81,82]采用 X 射线衍射技术实时测量了含铝固体推进剂表面颗粒喷射速度,并通过高速运动分析系统观察了颗粒轨迹。该方法还可用来研究颗粒与壁面的碰撞现象。

为了验证数值模拟结果,探索非接触式实验测量技术,Cauty[83,84]采用相干反斯托克斯拉曼光谱(coherent anti-Stokes Raman spectroscopic,CARS)和纹影仪研究了复合推进剂的气相燃烧。纹影仪用来测量火焰结构,CARS(基于 HCl)测量燃烧表面温度。Stufflebeam[85]采用 Line CARS 诊断 HMX/TMETN 推进剂的燃烧火焰,低压下出现 HCN 和 CO 的共振系数,同时在推进剂表面检测到了微量的 N_2、NO 和 N_2O。

Cerri 等[86]采用高速、高分辨率视频记录系统研究含铝推进剂燃烧表面铝的积聚和结团,以及它们在气相中的发展变化。采用扫描电镜和 X 射线衍射方法分析了凝相产物形态、化学组成及分子晶体结构。实验结果显示,稳态燃速和压力敏感性的增加取决于小颗粒高氯酸铵(ammonium perchlorate,AP)的数量和尺寸,增加小颗粒 AP 含量,可以提高稳态燃速,并可减小结团尺寸。

Kakami 等[87,88]利用固体激光器研究了非自维持燃烧固体推进剂的点火。研究采用的真空燃烧室(350 mm×350 mm×350 mm)压力可达 3~90 kPa,实验过程由摄像机记录,并根据拍摄图片计算推进剂燃速,采用红外热成像仪测量燃面温度。实验结果表明,推进剂燃速符合 Vieille 公式,压强指数约为 0.5,通过对燃烧表面进行热平衡分析,指出燃烧表面能量70%都是由推进剂的燃烧提供的,激光辐射仅作为维持燃烧进行的补偿能量。

王瑛等[89]用 Π 型热电偶测量了 NEPE 推进剂在稳态燃烧条件下燃烧波的温度分布及火焰结构,同时利用扫描电镜/能谱仪观测了熄火表面形貌和元素分布规律,分析了 NEPE 推进剂的燃烧过程。董存胜和陆殿林[90]采用 Π 型带状双钨铼热电偶测试固体推进剂燃烧波温度分布,并应用该技术对交联改性双基及中能无烟推进剂的燃烧波结构作了初步研究。

李春喜等[91]采用单脉冲 CARS 技术测定推进剂燃烧火焰温度并讨论了存在的准确度、时空分辨率等问题。郝海霞等[92]研究了推进剂火焰烟尘对 CARS 测温精确度的影响,结果表明,CARS 测温的偏差随着推进剂火焰中烟尘量的增加而增大;推进剂火焰烟尘对 CARS 测温精度的影响规律基本呈线性关系。

张小平等[93]应用高压燃速测试、微热电偶测温及燃烧火焰单幅摄影等技术,研究了 NEPE 推进剂的高压燃烧特性与燃烧机理。实验结果表明:NEPE 推进剂高压压强指数出现拐点,且随压强及 AP 含量升高,燃烧波由硝胺–CMDB 向 AP–CMDB 推进剂转变。分析认为硝酸酯基的含量及 AP 单元推进剂的扩散火焰是控制 NEPE 推进剂燃速及压强指数的主要因素。

秦能等[94]为研究燃速与燃烧波特征量之间的相关性,采用在推进剂内埋设微型热电偶技术,测得了低燃速低燃温双基推进剂的燃烧波结构,并通过数据处理获得了燃烧波的特征量值,包括表面温度、火焰温度、暗区厚度、凝聚相温度梯度和气相嘶嘶区温度梯度。

张杰和赵文华等[95,96]采用相对光强度法测定了双基推进剂、复合推进剂及 NEPE(氧化剂为 HNIW 或 HMX)推进剂的燃烧火焰温度分布。使用密集谱线的总强度与另一条谱线强度的比值来计算温度,成功测量了固体推进剂火焰的温度分布,并将结果和热电偶测量的结果做了比较。结果表明,用相对光强度法测得推进剂的最高燃烧火焰温度比热电偶法更接近推进剂的理论燃烧温度,测试压强越高,最高燃烧火焰温度与理论燃烧火焰温度的误差越小。

刘佩进等[97]在改进的氮气冲压多功能燃烧器中,应用数字高速运动分析仪对系列铝镁富燃推进剂的低压燃烧特性进行了实验研究。燃烧器本体为六面立方结构,侧面有四个透明有机玻璃窗,窗体直径为 40 mm,上侧面有排气通道,接有压力表、控制阀和过滤装置。针对高金属含量推进剂燃烧过程产生大量烟尘的特点,特别设计了通气点火底座,使一定压强的氮气从底座下通入燃烧器,经过一个多孔板件分流,沿药条形成均匀向上的气流场,一方面起到冷却和清洁玻璃窗的作用,另一方面又能把推进剂燃烧产生的黑烟向上吹走,以获得较为理想的摄像效果。结果表明,高速运动分析系统可以清晰地观察推进剂燃烧过程中快速发生的现象,而且可定量分析燃速,非常适用于富燃推进剂的燃烧研究。

王英红等[98]对含硼富燃料推进剂的燃烧机理进行了研究。对熄火燃面和单幅火焰照片的观察发现,含硼富燃料推进剂低压燃烧时燃烧表面产生"沉积层",其主要由硼、积炭和少量的三氧化二硼组成,推进剂的气相反应在燃面的"沉积层"中进行。"沉积层"的存在使气相火焰高度降低,传给燃面热流密度占气相总热流密度的百分比增大,更多的气相燃烧产生的热量反馈至燃烧表面。

综上所述,国内外采用扫描电镜、X 射线衍射技术、傅里叶变换红外光谱技术、微热电偶测温技术、分子束质谱、CARS 等方法研究了固体推进剂的燃烧机理,这为水反应金属燃料燃烧机理的研究提供了借鉴。

1.2.5 水冲压发动机试验研究

在美国海军研究所的资助下,美国研究人员针对铝/水反应系统进行了一系列相关研究。Lee 和 Ford[99-103]利用电能激发金属铝粉与水之间的反应,研究了不同试验参数对其反应能量效率的影响。Foote 等[18,19]进行了铝粉与水蒸气、氩气和氧气混合气体反应的初步试验研究,测量了反应的温度和燃烧过程中的辐射强度,为美国海军研究所提供铝/水反应系统的基本工程数据。

目前,美国基于水冲压发动机的研究主要采用铝粉直接与水反应,但是由于铝颗粒(粉末)外有一层致密的氧化物外壳,阻止了铝/水直接反应,且氧化铝熔点较高,使铝/水反应启动更加困难。宾夕法尼亚州立大学应用研究实验室的Miller 等[104]设计了金属粉末/水旋涡燃烧室,分别开展了铝粉、镁粉与水蒸气燃烧的对比试验,并对镁粉/水蒸气反应机理进行了研究,图 1.7 为其旋涡燃烧室试验现场。图 1.8 是铝/水反应旋涡燃烧室示意图,铝颗粒和水由切向引入旋涡

图 1.7　旋涡燃烧室试验现场

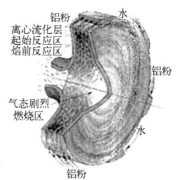

图 1.8　铝/水反应旋涡
燃烧室示意图

燃烧室,使其在燃烧室外层形成流化层,通过碰撞、摩擦及水的剪切作用,迫使铝颗粒表面部分氧化壳去除,触发铝/水反应。但是,从现有的文献来看,目前旋涡燃烧室所能达到的铝/水燃烧效果仍然较低。

Miller 等[104]总结了基于金属粉末与水直接反应的水冲压发动机面临几个主要问题:一是金属粉末的安全存储和持续供应,金属粉末物理化学性质的不稳定性给燃料的存储带来不便,且所需的粉末供应系统使发动机结构设计更为复杂;二是铝、镁等金属不易与水直接发生反应,这类金属通常需要外加能量触发才能与水发生反应,金属/水反应启动存在困难;三是产物中金属氧化物可能阻碍反应进行,且易生成腐蚀系统组件的沉积,进一步加大了此类发动机应用的难度。因此,国内水冲压发动机研究主要基于高金属含量水反应金属燃料与水的反应进行。

王建儒等[39]采用直连式方案进行了水冲压发动机的地面试验探索研究。郑邯勇和王永昌[44]采用旋涡燃烧器对铝与水的反应进行了试验研究,考察了燃料中的铝粉粒度、黏合剂和铝水反应起始段助燃剂对铝水反应的影响。甘晓松等人开展了水冲压发动机原理性试验技术研究。

李芳等[45,105]采用冷试方法研究直流式喷嘴、离心式喷嘴和气泡雾化喷嘴流量特性和雾化特性,分析水冲压发动机对喷嘴流量特性的特殊要求,开展反压自适应恒流喷嘴设计,通过试验方法研究得到新型喷嘴喷雾特性。

缪万波等[12,40,41]针对金属含量40%的铝基水冲压发动机,对几种不同构型的发动机进行了初步试验,并进行了性能比较,结果表明:相比于利用金属粉末/水反应的发动机,基于水反应金属燃料/水反应的发动机性能更优。

胡凡等[106,107]采用金属含量50%的镁基水反应金属燃料,研究了四种构型发动机、一次水燃比和水反应金属燃料燃速对发动机性能的影响,进行了两次进水试验,结果表明:燃烧室和补燃室直接相连可实现发动机稳定工作,提高喷射效率;不同一次水燃比对发动机燃烧效率存在一定影响;水反应金属燃料燃速较高可提高燃烧效率和喷射效率;两次进水可有效提高发动机比冲,存在最佳水燃比使发动机达到最高比冲。

李是良等[46,108]开展了镁基水反应金属燃料在水冲压发动机中的一次燃烧试验,研究了配方参数对镁基水反应金属燃料动态燃速及一次喷射效率的影响规律。

综上所述,近年来,水冲压发动机试验研究已经从最初原理性探索试验发展为初步的性能对比研究,这为进一步深入开展水冲压发动机研究提供了基础。但是,水冲压发动机的相关研究还缺乏系统性的试验支撑,其内部燃烧过程的特性尚未完全掌握,发动机结构参数和工作参数对燃烧过程的影响规律还不明确;而且,之前的研究中仍以采用中等或较低金属含量水反应金属燃料的发动机研究为主,针对采用较高金属含量水反应金属燃料的发动机相关研究较少,这给发动机性能的进一步优化和提高造成了障碍。

1.2.6 水冲压发动机数值模拟研究

1.2.6.1 发动机燃烧流动数值模拟

水冲压发动机内部工作过程包括水反应金属燃料的燃烧、水的雾化与蒸发、燃气流与水的掺混及流动、金属/水燃烧等物理化学过程,且各子过程相互耦合,给发动机数值模拟带来一定困难。由于液体火箭发动机中存在液体的雾化与蒸发、不同组分的掺混与燃烧等过程,而固体火箭发动机(及相关冲压发动机)也存在气固两相流、金属颗粒燃烧等现象,这几类发动机的数值模拟对水冲压发动机的相关研究具有一定借鉴作用。下面给出国内外在上述相关领域的研究进展。

Liang 等[109,110]发展了一种液-液喷注器三维模拟方法。它采用欧拉-拉格朗日法,气相采用标准的质量、动量、能量和组分质量分数三维平均守恒方程求解,湍流采用标准 k-ε 模型,在结构网格上采用有限体积法对守恒方程进行求解。计算结果和试验结果相当吻合。

Tang 和 Schuman[111]使用修改的 KIVA-II 程序研究了液体火箭发动机撞击式喷嘴雾化后颗粒的碰撞及气体、液滴两相流场,通过预示喷雾后颗粒的大小和速度分布,研究雾化液滴经喷嘴后的撞击形式。

Lankford 等[112]采用传统工程和 N-S 模型两种方法对某液体火箭发动机地面试验进行了数值模拟,通过与试验对比,验证了模型在预示燃烧室流场和复杂流动环境下辐射换热的实用性,结果表明 N-S 模型计算结果与试验较符合。

Dang 等[113]采用欧拉-欧拉法求解多相流方程,集成了多步有限速率化学反应模型,研究燃烧室内流动和燃烧现象,采用更精确、有效的全隐式 TVD 格式离散控制方程,研究了喷嘴出口速度和燃烧室大小对雾化颗粒群蒸发、燃烧速率的影响。

费继友等[114-116]采用时间相关法的显式格式,结合 k-ε 两方程湍流模型,求解氢氧发动机燃烧室中黏性化学反应流场,化学反应采用 9 组分、5 反应的有限速率化学反应模型,得到流动参数与组分质量分数在燃烧室中的分布情况;采用 MacCormack 时间推进预测——校正两步有限差分格式求解 N-S 方程,化学反应采用 17 组分、12 反应的有限速率反应模型,得到了流场参数在燃烧室中的分布情况;运用耦合点隐式方法的 MacCormack 两步差分格式结合 $k-\varepsilon$ 模型求解肼类燃料发动机推力室中的黏性化学反应流动,其中化学反应采用 17 组分、12 反应的有限速率反应模型,通过与试验结果比较,验证了数值模拟方法的可信性。

冯喜平等[117,118]对液氧——煤油液体火箭发动机的预燃室进行三维湍流流动与燃烧过程数值模拟。流动采用圆柱坐标系下三维 N-S 方程组,并采用 $k-\varepsilon$ 双方程模型封闭,用 SIMPLE 算法求解,燃烧采用单步快速不可逆化学反应模型,喷雾液滴采用液滴颗粒轨道模型,通过算例考核了燃气流场、组分浓度场和温度场的合理分布。

林志勇等[119,120]应用三维湍流 N-S 方程及颗粒轨道模型描述发动机内部喷雾两相湍流燃烧过程,气相化学反应速率由 Arrhenius 公式计算,相间的质量、能量交换由液滴蒸发模型计算,通过耦合求解气液两相流模型方程,得到发动机燃烧室内流场中各参数的分布。

Vittal 和 Tabakoff[121]研究了低雷诺数下不可压黏性流场中固相颗粒绕圆柱的流动,讨论了固相颗粒对流场性质(例如流线、分离角等)的影响。Golafshani 和 Loh[122]采用欧拉-拉格朗日模型研究了固体火箭发动机中模拟二维或轴对称气固两相黏性流场的方法。Ciucci 等[123,124]采用欧拉-拉格朗日模型模拟了固体火箭发动机内两相流场,气相用 N-S 方程数值求解,颗粒相由拉格朗日确定性轨道模型求解。Ciucci 研究了不同网格及湍流模型对流场求解的影响,结果表明,网格对计算结果的影响较大,双方程模型比代数模型的模拟结果好。同时研究了不同直径的三氧化二铝颗粒的轨迹,只有在层流和湍流的对比中,其轨迹差别才较为明显。

Cesco 等[125]为研究固体火箭发动机喷管的沉积,采用 Lagrangian 颗粒示踪模型与 Monte-Carlo 随机离散模型、铝颗粒燃烧模型对燃烧室流场进行了数值模拟。Natan 和 Gany[126,127]采用颗粒轨道模型和二维 N-S 方程研究了硼颗粒在固体燃料冲压发动机中的点火和燃烧过程,认为采用旁路进气道将空气引入补燃室可大大提高硼颗粒燃烧效率。

胡建新等[128-130]采用包含多种组分带化学反应的 N-S 方程、$k-\varepsilon$ 湍流模型、EDM 气相燃烧模型、颗粒轨道模型及硼颗粒点火和燃烧模型,对固体火箭冲压发动机三维多相化学反应流场进行了数值模拟。

1.2.6.2 水冲压发动机数值模拟

李芳等[45]在水冲压发动机数值模拟中,采用表面模型假设描述水滴蒸发过程;水反应金属燃料中包含铝、镁两种金属颗粒,采用文献中的化学反应动力学模型,对铝颗粒在水蒸气中的燃烧过程进行数值仿真,根据仿真结果拟合的铝颗粒燃烧速率计算公式描述铝颗粒燃烧过程;采用文献中拟合的经验公式描述镁颗粒燃烧过程[131-136]。一维数值模拟结果表明:水燃比存在最佳值,一次、二次水燃比应合理分配;喷管喉径越小,发动机比冲越高。二维数值模拟结果表明:一次进水喷雾粒径并非越小越好,喷雾分布并非越均匀越好;二次进水喷雾粒径越小越好;需合理设计喷管喉径。三维数值模拟结果表明:一次进水对喷嘴雾化特性的需求主要体现于增强液滴与来流气体中金属颗粒的掺混,雾化粒径并非越细越好;二次进水对喷嘴喷雾特性的需求主要体现于增强雾化效果,减小雾化粒径;离心式喷嘴雾化锥角较大,液滴分布较分散,燃烧室内温度和水蒸气浓度分布较均匀;三种喷嘴中,气泡雾化喷嘴雾化效果最佳;一次进水采用离心式喷嘴增强掺混效果,二次进水采用气泡雾化喷嘴改善雾化效果,有利于提高水冲压发动机性能。

缪万波[12]主要针对一次进水的铝基水冲压发动机进行了三维数值模拟,采用文献[137]~[139]中的经验公式描述铝颗粒燃烧过程。数值模拟结果表明:不同雾化水滴平均直径对铝颗粒燃烧效率影响较小,对水滴蒸发效率影响较大;存在一个最优的雾化水滴平均直径,使发动机性能较优;铝颗粒初始粒径越小,铝颗粒燃烧效率越高,铝颗粒初始粒径大时,可能造成发动机中金属与水反应不能正常触发;进水喷嘴个数对发动机内流场影响较大,其他条件相同时,不同喷注器个数可能造成金属与水反应不能正常触发。

胡凡等[138,139]在镁基水冲压发动机数值模拟中,将燃烧室中镁金属看作以气相形式存在。数值计算结果表明:存在最佳一次水燃比使发动机燃烧性能最优。一次进水射流速度较小,液滴蒸发长度和镁燃烧长度均增加,当射流速度增大可穿透燃气时,继续增大射流速度对蒸发效率和燃烧效率均影响不大。一次进水雾化液滴直径并非越小越好;喷注孔数较多时可增强发动机燃气与水蒸气掺混效果;存在最佳总水燃比使发动机比冲最高;蒸发室长度较短时大量液滴未完全蒸发,使发动机性能降低;发动机构型对发动机性能存在一定影响。

田维平等[140]对一次进水的铝基水冲压发动机进行数值模拟,将燃烧室内的铝金属看作气相形式存在,模拟结果显示进水流量的变化对铝/水反应影响非常明显。韩超等[141]同样将水冲压发动机内的镁金属看作气相进行数值模拟,发现存在最佳水燃比使两次进水的水冲压发动机性能最优。

综上所述,相比于发动机试验研究,数值模拟具有简单、经济和灵活的特点,国内关于水冲压发动机的数值模拟研究较多,为水冲压发动机技术发展提供了有益的指导。但是,数值模拟的精确性和可靠性很大程度上取决于其计算模型的选择和处理。目前,针对镁基水冲压发动机内的镁/水燃烧机理还不明确,未建立描述其物理过程的数学模型,对于镁颗粒燃烧多是采用国外文献中的经验公式或将镁金属简化为蒸气进行计算,缺乏试验数据支撑。另外,随着水冲压发动机水反应金属燃料金属含量的增大,其中氧化剂的减少致使燃面温度下降,燃烧室中的凝相镁金属增多[125,142],发动机内部燃烧过程更为复杂,有必要深入了解镁/水燃烧机理,以改进水冲压发动机的数值模拟方法。

1.3 本书主要研究内容

近年来,超高速鱼雷的出现推动了相关技术研究的发展,在国内外围绕水冲压发动机技术开展了一系列研究,已开展过发动机概念原理论证、水反应金属燃料制备、热力性能计算、数值计算分析和初步试验研究等方面工作,积累了大量研究成果和经验。但是,针对镁基水冲压发动机,由于其内部镁/水燃烧机理和过程尚不明确,发动机内部工作原理还未完全掌握,这给发动机的内部燃烧组织,以及高金属含量水反应金属燃料在水冲压发动机中的应用带来了困难,阻碍了水冲压发动机技术的进一步发展。

在此背景下,本书以提高高金属含量镁基水冲压发动机性能为出发点,综合运用理论分析、数值模拟和试验研究方法,对水蒸气中镁颗粒着火与燃烧过程、水反应金属燃料燃烧过程、发动机内部燃烧过程以及燃烧组织方法开展了系统而深入的研究。全书共分为 6 章,各章节组织结构如图 1.9 所示,各章节主要研究内容如下所述。

第 1 章分析水冲压发动机的研究背景、基本工作过程和水反应金属燃料的特点,详细介绍国内外水冲压发动机技术发展,总结镁颗粒着火与燃烧过程、水反应金属燃料及固体推进剂燃烧的相关研究成果,综述水冲压发动机试验和数值模拟的研究现状,最后给出本书的研究思路和主要研究内容。

第 2 章研究水蒸气中镁颗粒的着火与燃烧过程。设计了颗粒着火燃烧系统,通过空气中镁颗粒着火燃烧试验,验证试验系统和试验方法;在理论分析的

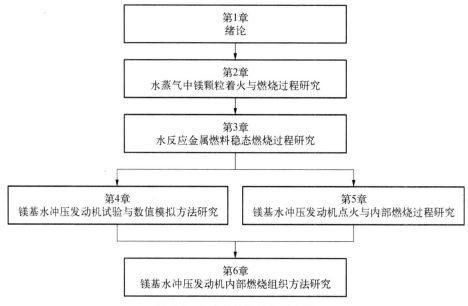

图 1.9   各章节结构组织示意图

基础上,通过水蒸气中镁颗粒着火燃烧试验,确认镁颗粒着火与燃烧机理,获得其着火温度与燃烧特性,并得到了修正的 D^2 定律。

第 3 章研究水反应金属燃料稳态燃烧过程。设计了水反应金属燃料燃烧试验系统,对高金属含量镁基水反应金属燃料在氩气和水蒸气环境下的稳态燃烧特性开展试验研究,分析高金属含量水反应金属燃料的燃烧过程和机理,以及影响燃料稳态燃烧性能的宏观因素,为深入开展高金属含量镁基水冲压发动机燃烧机理研究提供依据和指导。

第 4 章开展水冲压发动机试验与数值模拟方法研究。对水冲压发动机直连试验进行设计,并根据燃烧室压强和推力的变化规律,对几种试验数据处理方法进行对比研究;对水冲压发动机燃烧室内燃烧流动过程的主要模型进行介绍,在第 2 章镁颗粒着火与燃烧机理研究的基础上,建立水冲压发动机内镁滴着火与燃烧模型;通过某工况下水冲压发动机直连试验,对数值模拟方法进行验证。

第 5 章进行水冲压发动机点火与内部燃烧过程研究。采用发动机直连试验方法,研究点火能量、点火时序、水燃比、进水喷注压降及燃料金属含量对发动机点火过程的影响规律,获得发动机点火特性与机理;在理论分析基础上,采用直连试验和数值分析的方法,对一次进水和两次进水条件下的水冲压发动机内部燃烧过程进行对比研究,以得到发动机燃烧过程特性与规律,并掌握发动机内部工作原理。

第 6 章开展水冲压发动机内部燃烧组织方法研究。通过理论分析建立燃烧室长度、进水距离及水燃比设计方法,采用数值模拟和直连试验相结合的方法,研究燃烧室长度、进水距离、进水角度、水燃比及其分配和进水雾化特性等对发动机燃烧过程的影响规律,并验证相关参数的设计方法,为发动机性能优化设计提供依据。

第 2 章

水蒸气中镁颗粒着火与燃烧过程研究

2.1 引言

镁基水冲压发动机使用的水反应金属燃料中含有大量镁金属颗粒,发动机工作过程中,燃料燃烧生成富含镁颗粒的燃气流,镁颗粒与燃烧室内的水蒸气反应释放热能,为发动机提供主要能量,镁/水燃烧是发动机工作过程中的主要过程。因此,开展水蒸气中镁颗粒着火与燃烧过程研究,对深入了解水冲压发动机内部燃烧过程并进行燃烧组织具有重要意义。

根据燃烧理论,燃料和氧化剂之间的氧化反应存在从量变到质变的过程,着火是其中重要的临界现象。燃料着火的方式通常可分为以下几类:化学自燃,即在常温下依靠自身化学反应实现着火;热自燃,即通过均匀加热燃料或燃料与氧化剂的混合物到某一温度实现着火;点燃,又称强迫着火,即通过热电流、电火花等高温热源对其局部进行强烈加热而引发的着火;链引发着火,即通过热源或光子源等外部手段引发链载体的产生,当链载体的生成速率超过终止速率则实现着火。水冲压发动机中熔融镁颗粒进入燃烧室后,颗粒表面均受到高温燃气流迅速加热,镁颗粒的着火属于强迫着火,因此,本章主要针对水蒸气中的镁颗粒强迫着火过程进行研究[143]。

气体燃料燃烧中,根据反应前燃料和氧化剂的混合状态可分为预混燃烧和非预混燃烧,其中预混燃烧通常由扩散和化学动力学共同控制,而非预混燃烧通常由扩散控制。凝相燃料燃烧主要包括液滴燃烧、碳粒燃烧和金属颗粒的燃烧,其中液滴燃烧一般由扩散控制,碳粒燃烧由扩散和化学动力学控制,金属颗粒燃烧较为复杂,根据不同金属的物理化学性质和燃烧条件的不同而体现出类似液滴或碳粒的燃烧特性[144]。

为深入了解水冲压发动机中镁颗粒的燃烧过程,本章对水蒸气中镁颗粒的着火与燃烧过程进行研究。通过颗粒着火燃烧试验,观测水蒸气中镁颗粒着火与燃烧的过程与特性,分析粒径对颗粒燃烧寿命的影响规律。

2.2　镁颗粒着火与燃烧试验方法研究

2.2.1　轻金属颗粒的着火与燃烧

2.2.1.1　轻金属颗粒的着火与燃烧过程

金属颗粒表面易形成氧化物外壳,根据金属及其氧化物沸点及表面反应活化能的不同,其颗粒燃烧特性存在差异。对于钨、钼、钛等难熔金属,其沸点高于氧化物,且表面反应活化能不太高,燃烧过程受到气相扩散和表面反应动力学共同控制,该类金属颗粒燃烧类似于碳的燃烧。而对于镁、铝等轻金属,其氧化物沸点高于金属,且表面反应活化能较低,燃烧通常最终形成气相扩散火焰,该类金属颗粒燃烧类似于碳氢燃料的液滴燃烧[143]。

本节以镁、铝等轻金属为对象展开讨论,这类金属颗粒实现燃烧通常需经过两个阶段:第一阶段为缓慢氧化阶段,此时金属颗粒表面由氧化物完全覆盖,在环境加热作用下内部金属逐步熔化,少量金属蒸气扩散至外部与氧化剂发生表面反应,反应放热进一步促进颗粒升温;第二阶段为剧烈燃烧阶段,此时颗粒表面氧化物外壳出现裂缝或完全破碎,金属直接与氧化剂发生快速放热反应。金属颗粒的着火是从缓慢氧化阶段到剧烈燃烧阶段的突变过程。在热着火理论中通常采用着火温度作为判断着火的临界点,即认为随着温度的升高,金属与氧化剂的化学反应加快,当金属颗粒达到着火温度时,金属颗粒表面氧化物外壳破裂,金属与氧化剂发生剧烈反应引起燃烧[143]。由于着火前颗粒处于缓慢氧化阶段,化学动力学起支配作用,所以着火前反应是由化学动力学控制。

与液滴燃烧不同的是,金属颗粒着火前,由于其熔点和沸点一般高于碳氢燃料,金属在初始加热阶段还未完全熔化或沸腾,此时金属与氧化剂的相互作用常发生在颗粒表面,属于多相反应;金属颗粒着火后,金属完全熔化并产生蒸气,金属蒸气与氧化剂直接混合,发生气相反应;金属颗粒燃烧过程中,蒸气相燃烧生成金属氧化物向周围空间扩散,其中一部分向内扩散并沉积于颗粒表面,形成金属氧化物帽,如图 2.1 所示,金属氧化物覆盖了部分颗粒表面,这将影响其燃烧速率。金属颗粒燃烧比碳氢燃料液滴燃烧复杂得多,燃烧的许多细节时至今日

图2.1　颗粒表面的金属氧化物帽

还尚不清楚,如金属氧化物的扩散、表面凝聚和消退以及与金属颗粒的反应等[145]。

2.2.1.2　轻金属颗粒燃烧机理

研究人员在不同条件下金属颗粒燃烧试验的基础上,针对金属颗粒燃烧机理提出了多种模型。目前,关于金属颗粒燃烧主要包括蒸气相扩散燃烧机理和多相燃烧机理。

蒸气相扩散燃烧机理是在碳氢燃料液滴燃烧模型的基础上建立的,它认为金属颗粒燃烧属于扩散控制气相燃烧过程,金属蒸气在颗粒周围空间形成球形火焰面,火焰中产生的金属氧化物一部分向内扩散并可能凝结于颗粒表面,另一部分向外部空间扩散,根据向外部扩散的金属氧化物是否发生凝结又可区分为薄火焰模型和扩展火焰模型。在薄火焰模型中,向外扩散的金属氧化物不发生凝结,该模型能够较为准确地预示金属颗粒燃烧时间,但不涉及凝相氧化物形成的机理。

多相燃烧机理认为,金属的沸腾使熔融氧化物外壳膨胀,并在金属和氧化物外壳之间形成一个金属汽膜,过度急剧地膨胀可导致氧化物外壳破裂,引起碎片的产生或颗粒的旋转运动;由于熔点的不同,内部金属从裂缝喷出时倾向于使高温氧化物外壳冻结。多相燃烧机理能够解释金属颗粒破碎及燃烧后空心氧化物球的形成,但对颗粒燃烧时间的预示较差。

实际金属颗粒燃烧通常同时具有蒸气相燃烧与多相燃烧的特点[143],研究过程中根据燃烧体现的主要特性及所讨论的具体问题对燃烧过程建立或选择相应的模型。式(2.1)是铝与氧气,以及镁分别与二氧化碳、氧气和水的化学反应式。

$$
\begin{aligned}
&4Al + 3O_2 \longrightarrow 2Al_2O_3 \\
&2Mg + CO_2 \longrightarrow 2MgO + C \\
&2Mg + O_2 \longrightarrow 2MgO \\
&Mg + H_2O \longrightarrow MgO + H_2
\end{aligned}
\tag{2.1}
$$

DesJardin等[26]认为铝颗粒点火时为多相燃烧,并迅速过渡到准定常的蒸气相扩散燃烧。Legrand等[57]在试验中观测到镁颗粒在二氧化碳中的着火过程是化学动力学控制的表面反应过程。Dreyer等[53]采用PLIF测量技术发现镁在氧气中为准定常的蒸气相燃烧,镁颗粒在二氧化碳中发生脉冲式的气相燃烧,脉冲现象是由镁与二氧化碳生成的碳覆盖在颗粒表面所致。镁颗粒燃烧主要体现了蒸气相燃烧的特点,而在相同环境下,水蒸气的氧化能力处于氧气和二氧化碳之间,镁/水反应产物除氧化镁外没有其他凝相成分。另外,镁基水冲压发动机中,镁颗粒完全燃烧所需要的时间决定着燃烧室长度和进水距离的设计,而蒸气相燃烧模型相比于多相燃烧模型更适用于预示金属颗粒燃烧时间[143]。鉴于镁颗粒在氧气和二氧化碳中的燃烧特性,镁颗粒在水蒸气中燃烧时很可能仍以蒸气相扩散燃烧为主要控制过程,本章将通过镁颗粒着火燃烧试验进行验证。

2.2.2　颗粒着火与燃烧试验系统设计

为开展水蒸气中镁颗粒着火与燃烧过程试验研究,本章建立了颗粒燃烧试验系统,该系统主要由供气管路系统、高压试验器、光学观测系统和主测控系统组成,结构示意图如图 2.2 所示。

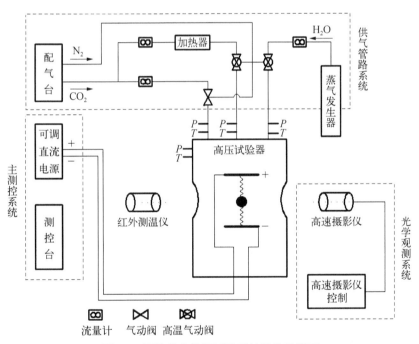

图 2.2　颗粒着火燃烧试验系统结构示意图

(1) 供气管路系统。该子系统采用挤压式供应方式实现对高压试验器的不同气体输送,它主要包括配气台、气体加热器、蒸汽发生器及输送管路等部件。

配气台能够实现氮气和二氧化碳的供应,最大供气压强为 4 MPa。加热器如图 2.3 所示,用于加热管路中的气体,加热后气体最高温度可达 300℃。蒸汽发生器如图 2.4 所示,用于提供高温水蒸气,水蒸气最高温度可达 280℃、最大供气压强为 3 MPa。

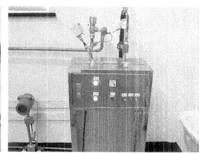

图 2.3　气体加热器　　　　　　图 2.4　蒸汽发生器

(2) 高压试验器。高压试验器是用于进行颗粒着火燃烧试验的高压容器,它主要由高压容器和颗粒燃烧装置组成。高压容器如图 2.5 所示,采用不锈钢壳体设计,壳体四周分布有供气接口、测量通道及安全排气阀,两侧分布有光学观测窗,容器承受最大压强 5 MPa。颗粒燃烧装置如图 2.6 所示,它位于高压容器内部光学观测窗通道上,由电阻丝、接线柱、绝缘板和供电导线组成。电阻丝为镍镉合金材料,每次试验前将颗粒固定于电阻丝上。

图 2.5　高压容器　　　　　　　图 2.6　颗粒燃烧装置

(3) 光学观测系统。该子系统用于观测颗粒着火燃烧过程,并对着火燃烧过程的颗粒和火焰温度进行测量,它主要包括高速摄影仪、红外测温仪和普通数码相机等设备。高速摄影仪如图 2.7 所示,采用 Photron FASTCAM‑Ultima APX

高速数字摄影仪,它由摄像头、处理器和采集计算机三部分组成。摄像头采用高灵敏度 CMOS 非增强型图像传感器,最高拍摄速度可达 120 000 f/s,两帧间隔时间 8.3 μs,最小快门时间 1/120 000 s。红外测温仪如图 2.8 所示,采用 Modline5R 红外测温仪,它由红外接收器、数据采集卡和计算机三部分组成。红外接收器采用 5R‑1810 型镜头,工作波段 1.0~1.1 μm,响应时间小于 10 ms,测温范围为 915~1 771 K,测量精度 0.2%,重复性在 298 K 环境时为满量程的±0.1%。

图 2.7　高速摄影仪

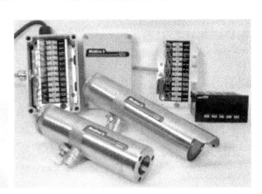

图 2.8　红外测温仪

(4) 主测控系统。该子系统主要由控制台、电磁阀、传感器和直流电源组成。试验前必须标定传感器,设置直流电源工作参数,并通过控制台计算机设定试验时序,如图 2.9 所示。直流电源如图 2.10 所示,采用可调式双路直流稳压电源,用于给颗粒燃烧装置提供电源,电压 0~60 V 可调,电流可在 0~10 A 范围内作限流调节。正式试验时,主测控系统按照设定时序控制供气管路开关和直流电源开关,并对试验过程中的压强、温度等相关参数进行测量。在试验参数测量

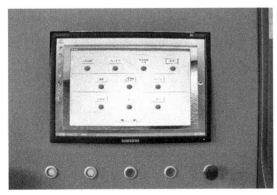

图 2.9　主测控系统控制台

图 2.10　可调式双路直流稳压电源

方面,高压试验器压强测量绝压变送器,量程为 0~10 MPa,精度等级为 0.1 级;高压试验器和供气管路温度测量采用镍铬-镍硅热电偶,量程为 0~1 573 K 精度等级工业二级。

2.2.3 试验方法验证

2.2.3.1 空气中镁颗粒着火燃烧观测试验

为测试镁颗粒着火燃烧试验方法的观测效果,验证采用普通相机和高速摄影仪观察镁颗粒着火燃烧过程的可行性,本节首先进行空气中的镁颗粒着火燃烧观测试验。试验直流电源设置为电压 5.8 V、电流 8.5 A,高速摄影仪设置为快门时间 1/2 000 s,分别对 4.5 mm 和 4 mm 的两种同粒径镁颗粒着火燃烧过程进行观测,试验编号分别为 A-01 和 A-02。

图 2.11 是普通数码相机拍摄的 A-01 号试验镁颗粒在空气中的着火燃烧过程,其中-、+分别表示同一秒钟内的先后两个时刻。如图所示,试验前颗粒表面光滑,并呈银白色;直流电源在 $t=0$ s 启动,高温电阻丝开始对颗粒进行加热;$t=25$ s 时,升温后的颗粒表面被环境气体氧化,并呈暗黑色;$t=32$ s 时,颗粒受热膨胀,表面不均匀地布满隆起的鼓包,外表依然呈现暗黑色;$t=33-$ s 时,颗粒表面呈红褐色,并释放出少量烟状物;$t=33+$ s 时,颗粒表面被橙黄色光晕包裹,颗粒侧面覆盖有白色凝结物;$t=34$ s 时,颗粒着火,电阻丝迅速熔断并停止加热,燃烧形成白色明亮火焰并伴有白烟;$t=35$ s 时,随着燃烧的加剧,火焰迅速发展为大型火球,其直径为颗粒初始粒径的 5~6 倍;$t=45$ s 时,燃烧接近结束,火焰体积减小;$t=70$ s 时,火焰消失,燃烧结束,燃烧剩余产物外表为白色疏松物,内部残留物发生反应,并呈现橙黄色;$t=93$ s 时,随着剩余产物温度的下降,内部橙黄色减退;$t=113$ s 时,燃烧最终产物为白色疏松氧化镁。

图 2.12 是采用高速摄影仪拍摄的 A-02 号试验镁颗粒在空气中着火燃烧过程,$t=0$ s 可观测到颗粒发生反应,$t=0.4$ s 时反应逐步加剧,$t=1.1$ s 时可以观测到颗粒外薄层火焰,$t=2.7$ s 时可以观察到剧烈的气相燃烧现象,颗粒表面局部被覆盖,火焰从其间缝隙喷出。

镁颗粒的着火燃烧过程体现了其从表面氧化反应到蒸气相燃烧的过渡:镁颗粒着火前,颗粒加热升温,内部镁金属熔化并逐步膨胀,镁蒸气分子穿过表面氧化层扩散至外部,与外界氧化剂发生表面反应生成氧化镁,由于此时氧化镁颗粒很小,对光波没有反射作用,因而外表呈现暗黑色;镁颗粒着火后,镁蒸气从裂缝喷出,与空气发生气相燃烧,生成氧化镁向外扩散凝结形成白烟,向内扩散沉

图 2.11　A－01 号试验镁颗粒在空气中着火燃烧过程

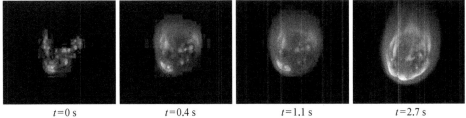

图 2.12　A－02 号试验镁颗粒在空气中着火燃烧过程高速摄影图片

积于颗粒表面最终形成白色疏松氧化镁。试验结果表明,镁颗粒在空气中的着火燃烧经历了由表面氧化反应到蒸气相反应的过渡,采用普通相机和高速摄影仪能够较为清晰地观测到镁颗粒的着火燃烧过程。

2.2.3.2　空气中镁颗粒着火燃烧测温试验

为测试镁颗粒着火燃烧试验方法的测温效果,验证采用红外测温仪测量镁颗粒着火温度的可行性,本节进行了空气中的镁颗粒着火燃烧测温试验。试验直流电源设置为电压 5.8 V、电流 8.5 A,红外测温仪测温范围为 915~1 771 K,所测镁颗粒粒径为 3 mm,试验编号为 A‐03。

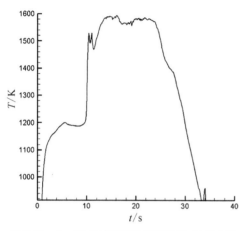

图 2.13 是 A‐03 号试验颗粒燃烧温度-时间曲线。随着电阻丝的加热,颗粒温度逐步升高;t = 5.6 s 时,颗粒温度达到短暂的平滑段;t = 9.5 s 时,颗粒着火,着火温度 1 200 K,颗粒温度迅速升高并达到稳定;颗粒着火后,其火焰温度维持在 1 500 K 以上;t = 23.8 s 时,温度曲线迅速下降直至燃烧结束。

图 2.13　A‐03 号试验颗粒燃烧温度-时间曲线

Abbud‐Madrid 等[146]采用 0.125 mm 直径探头的热电偶测量柱形镁颗粒在氧气环境中的着火温度,柱形镁颗粒直径 4 mm、高 4 mm,环境压强 0.1 MPa,测得着火温度为 1 250 K。空气中氧气含量较低,且其中二氧化碳的氧化能力低于氧气,因此,试验测得镁颗粒在空气中的着火温度为 1 200 K,略低于文献中测得的其在氧气中的着火温度 1 250 K。试验结果表明,粒径 3 mm 镁颗粒在空气中的着火温度为 1 250 K,采用红外测温仪能够较为准确地测量镁颗粒的着火温度。

2.3　水蒸气中镁颗粒着火与燃烧过程试验研究

2.3.1　镁颗粒着火与燃烧过程

2.3.1.1　着火与燃烧过程分析

为了解水蒸气中镁颗粒的着火燃烧过程,本节采用粒径 3.5 mm 镁颗粒进行了水蒸气中的着火燃烧试验,试验编号为 B-01。试验直流电源设置为电压 5.8 V、电流 8.5 A,采用普通数码相机和高速摄影仪同步观测,高速摄影仪设置为快门时间 1/2 000 s。试验前将镁颗粒固定在颗粒燃烧装置上,之后密闭高压容器,并使用真空泵将其抽至真空状态。正式试验时序为:$t = 0$ s 时开启水蒸气管路阀门;$t = 50$ s 时关闭水蒸气管路阀门并开启直流电源,电阻丝开始加热;$t = 60$ s 触发高速摄影仪工作;$t = 90$ s 时关闭直流电源。

图 2.14、图 2.15 分别是 B-01 号试验高压容器压强-时间曲线和温度-时间曲线。随着高温水蒸气进入真空高压容器,容器压强和温度均逐步升高;$t = 5$ s 后压强和温度均有短暂下降使曲线出现尖峰,这是容器压强初步稳定后壁面吸热使部分水蒸气液化而引起的,在壁面吸热稳定后容器压强和温度又进一步升高;$t = 50$ s 关闭水蒸气管路阀门时,容器压强达到最高值 0.082 MPa,容器温度达到最高值 361 K;$t = 50$ s 后容器压强和温度逐渐降低。由于室温下高压容器壳体温度远低于高温水蒸气温度,且不锈钢壳体热容较大,使进入容器内的高温水蒸气迅速冷凝,这也导致当水蒸气管路阀门关闭后,容器压强和温度逐渐下降。

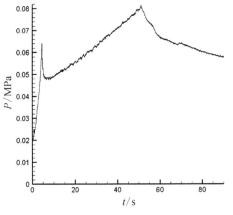

图 2.14　B-01 号试验高压容器
压强-时间曲线

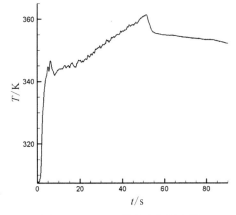

图 2.15　B-01 号试验高压容器
温度-时间曲线

图 2.16 是普通数码相机拍摄的 B-01 号试验水蒸气中镁颗粒着火燃烧过程。$t = 50$ s 时电阻丝开始对镁颗粒加热;$t = 58$ s 时,颗粒温度仍然较低,其表面呈暗黑色,颗粒下方凝结有水滴;$t = 73$ s 时,颗粒着火,电阻丝迅速被高温熔断,颗粒表面呈橙黄色;$t = 75$ s 时,颗粒燃烧加剧,并形成较大体积的明亮火焰;$t = 77$ s 时,随着燃烧的进行,火焰体积逐渐减小;$t = 80$ s 时,颗粒燃烧接近结束,在

颗粒燃烧剩余产物上方观察到白色絮状物;$t = 92$ s 时,燃烧已经结束,燃烧产物氧化镁呈白色疏松絮状结构。

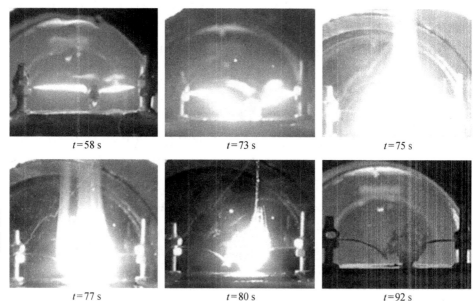

$t=58$ s $t=73$ s $t=75$ s

$t=77$ s $t=80$ s $t=92$ s

图 2.16　B－01 号试验水蒸气中镁颗粒着火燃烧过程

图 2.17 是高速摄影仪拍摄的 B－01 号试验水蒸气中镁颗粒着火燃烧过程。在外加背景光源的照射下,试验前图片记录了颗粒的初始大小;$t = 73.7$ s 时可观察到颗粒发生反应;$t = 75.1$ s 时可以观察到剧烈的气相燃烧现象,火焰内部包裹着白色明亮物质;$t = 76.8$ s 时反应燃烧火焰有所减小,内部白色明亮物质体积增大;$t = 79.4$ s 时燃烧进一步减弱,火焰逐步消失;$t = 82.5$ s 时,燃烧结束。

试验结果表明,镁颗粒在水蒸气中的着火燃烧过程同样经历了从表面氧化反应到蒸气相燃烧的过渡,在镁颗粒燃烧过程中,由于燃烧温度很高,化学反应速率非常快,扩散起支配作用,因此镁颗粒在水蒸气中的燃烧属于蒸气相扩散燃烧。但与在空气中燃烧现象(图 2.11)不同的是,镁颗粒在水蒸气中的燃烧过程中,在火焰上方能够观测到向上发展的白色絮状物,且燃烧产物氧化镁也呈现疏松絮状结构。图 2.18 是 B－01 号试验镁颗粒燃烧前后形态对比,絮状结构产生的原因是,镁/水燃烧在火焰面生成的氢气很轻,具有向上运动的趋势,其运动过程中携带着向外扩散的氧化镁,氧化镁上升过程中逐步凝结,最终形成疏松絮状结构。

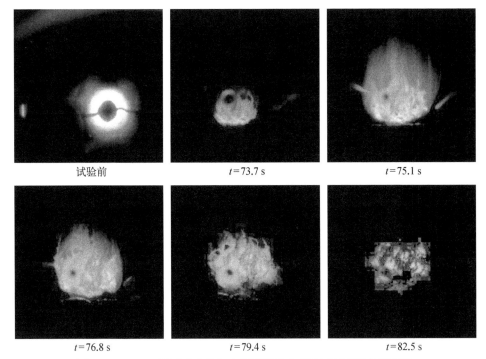

图 2.17 B－01 号试验水蒸气中镁颗粒着火燃烧过程高速摄影图片

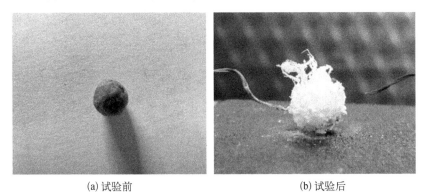

(a) 试验前   (b) 试验后

图 2.18 B－01 号试验镁颗粒燃烧前后形态对比

2.3.1.2 镁颗粒着火温度

为确定镁颗粒在水蒸气中的着火温度,本节进行了两种压强下水蒸气中的镁颗粒着火燃烧试验,试验编号为 B－02 和 B－03。试验直流电源设置为电压 5.8 V、电流 8.5 A,采用红外测温仪测量颗粒表面和火焰温度,两次试验镁颗粒粒径均为 3.3 mm。试验前将镁颗粒固定在颗粒燃烧装置上,之后密闭高压容器,并使用真空泵将其抽至真空状态。

B－02 号试验正式时序为：$t=0$ s 时开启水蒸气管路阀门；$t=20$ s 时关闭水蒸气管路阀门并开启直流电源，电阻丝开始加热；$t=30$ s 触发高速摄影仪工作；$t=40$ s 时关闭直流电源。 B－03 号试验正式时序为：$t=0$ s 时开启水蒸气管路阀门；$t=50$ s 时关闭水蒸气管路阀门并开启直流电源，电阻丝开始加热；$t=60$ s 触发高速摄影仪工作；$t=90$ s 时关闭直流电源。 图 2.19、图 2.20 分别是 B－02 号和 B－03 号试验高压容器压强-时间曲线，容器压强最高值分别达到 0.05 MPa 和 0.08 MPa。

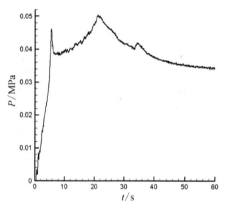

图 2.19　B－02 号试验高压容器
压强-时间曲线

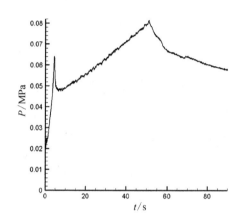

图 2.20　B－03 号试验高压容器
压强-时间曲线

图 2.21、图 2.22 分别是 B－02 号和 B－03 号试验颗粒燃烧温度-时间曲线，随着电阻丝的加热，颗粒温度逐步升高，当达到着火温度时颗粒燃烧，其温度进

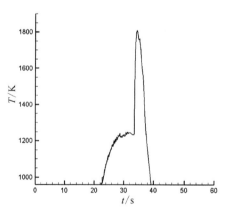

图 2.21　B－02 号试验颗粒燃烧
温度-时间曲线

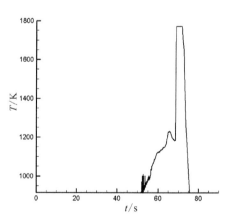

图 2.22　B－03 号试验颗粒燃烧
温度-时间曲线

一步迅速升高达到峰值,两次试验中颗粒燃烧过程的火焰温度均达到测温仪测温上限 1 771 K,实际温度应该高于此值。表 2.1 是 B - 02 号和 B - 03 号试验镁颗粒着火温度,两次试验的颗粒着火温度相差不大,均处于 1 150~1 200 K。

表 2.1　B - 02 号和 B - 03 号试验镁颗粒着火温度

试验编号	颗粒粒径/mm	最高容器压强/MPa	着火温度/K
B - 02	3.3	0.05	1 171
B - 03	3.3	0.08	1 184

2.3.2　镁颗粒着火与燃烧机理

2.3.2.1　液滴燃烧模型

通过 2.3.1.1 节试验研究发现,镁颗粒在水蒸气中的燃烧属于蒸气相扩散燃烧。因此,本书采用液滴燃烧模型对其燃烧过程进行描述。液滴燃烧模型是典型的蒸气相扩散燃烧模型,它由静止介质中的液滴蒸发模型发展而来,将液滴看作球形,燃烧过程中在空间形成火焰面。图 2.23 是液滴燃烧模型液滴和火焰面示意图,其中,半径 $r = r_s$ 时为液滴表面,$r = r_f$ 时为火焰面。模型在保留燃烧过程基本物理特性的基础上作如下假设。

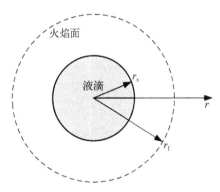

图 2.23　液滴燃烧模型液滴和火焰面示意图

(1) 液滴燃烧的火焰面为球对称结构,周围介质为静止状态,不考虑对流及液滴间的相互影响。

(2) 燃烧过程是准稳态的。

(3) 液滴燃料是单组分液体,对任何气体都没有溶解性,液气交界面为相平衡状态。

(4) 压力均匀且为常数。

(5) 气相中只包括三类组分:燃料蒸气、氧化剂和燃烧产物。气相可以分为两个区:在液滴表面与火焰之间的内区 ($r_s \leq r \leq r_f$) 仅包括燃料蒸气和产物,而外区 ($r_f \leq r < \infty$) 仅包括氧化剂和产物。

(6) 在火焰面燃料与氧化剂以化学当量比反应,且化学反应动力学过程无限快,火焰表现为一个无限薄的面。

（7）路易斯数为 1。

（8）忽略辐射散热。

（9）气相导热系数 k_g、比定压热容 c_{pg}、密度 ρ_g 和空间组分扩散系数 D 都是常数。

（10）燃料液滴是唯一的凝相物质，没有产物或其他凝相成分存在。

图 2.24、图 2.25 分别是液滴燃烧模型温度和组分分布，其中，T_s 是液滴表面温度，T_f 是火焰温度，T_∞ 是无穷远处介质温度，Y_i 是组分质量分数，$Y_{F,s}$、$Y_{Pr,s}$ 分别是燃料蒸气和燃烧产物在液滴表面的质量分数。如图 2.24 所示，在火焰内区时，随着半径的增大温度逐步升高，直至火焰面处达到最高；在火焰外区时，随着半径的增大，温度逐步减小，直至达到无穷远处介质温度。如图 2.25 所示，燃料蒸气质量分数在液滴表面最大，随着半径的增大单调递减，到火焰面处降为零；氧化剂质量分数在远离火焰的无穷远处最大，递减到火焰面处降为零；燃烧产物质量分数在火焰面最大，随着产物同时向两个方向扩散，其质量分数逐步减小。

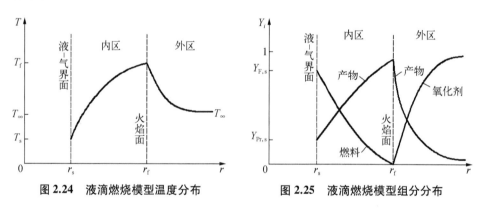

图 2.24　液滴燃烧模型温度分布　　　　图 2.25　液滴燃烧模型组分分布

在以上物理假设下，气相空间任意球面的质量流量都等于燃料流量，即液滴的燃烧速率：

$$\dot{m}(r) = \dot{m}_F = C \tag{2.2}$$

式中，$\dot{m}_F$ 是液滴燃烧速率，C 是常数。根据路易斯数为 1 的假设，采用 Shvab-Zeldovich 形式的能量方程：

$$\frac{1}{r^2}\frac{\mathrm{d}}{\mathrm{d}r}\left[r^2\left(\rho\, v_r \int c_{pg}\mathrm{d}T - \rho_g D\frac{\mathrm{d}\int c_{pg}\mathrm{d}T}{\mathrm{d}r}\right)\right] = -\sum h_{f,i}^0\, \dot{m}_i \tag{2.3}$$

式中, $h_{f,i}^0$ 是组分 i 的生成焓; $\dot{m}_i$ 是组分 i 的质量通量。

2.3.2.2 颗粒燃烧寿命的计算

镁颗粒燃烧寿命是指镁颗粒完全燃烧所经历的时间。目前许多研究中都采用文献中 Miller 和 Herr[147] 提出的用于计算铝、镁颗粒在氧化性气体中燃烧寿命的经验公式,该公式在综合大量文献中的试验数据基础上拟合得出:

$$t_d / d_0{}^2 = C / \left[X_{OX}^{0.9} (1 + 0.25 \, Re^{1/2}) \right] \tag{2.4}$$

式中, t_d 为颗粒燃烧寿命; C 为待定系数; d_0 为颗粒初始粒径; Re 为雷诺数; X_{OX} 是表征混合气体氧化的系数:

$$X_{OX} = C_{O_2} + 0.6 C_{H_2O} + 0.22 C_{CO_2} \tag{2.5}$$

C_{O_2}、C_{H_2O} 和 C_{CO_2} 分别表示氧气、水蒸气及二氧化碳在混合气体中的摩尔分数。

对于铝颗粒而言:

$$C = \begin{cases} 0.15, & p = 1 \text{ atm} \\ 0.075, & p > 6 \text{ atm} \end{cases} \tag{2.6}$$

对于镁颗粒而言:

$$C = \begin{cases} 0.007, & p = 1 \text{ atm} \\ 0.02, & p > 4 \text{ atm} \end{cases} \tag{2.7}$$

然而,式(2.4)只是镁颗粒燃烧时间与初始粒径、氧化剂浓度及燃气流雷诺数的经验关系,并没有考虑实际过程中环境条件、物质属性等因素对燃烧过程的影响。

应用液滴燃烧模型,通过求解质量守恒方程、组分守恒方程和能量守恒方程,得到液滴燃烧速率为

$$\dot{m}_F = \frac{4\pi \, k_g \, r_s}{c_{pg}} \ln \left[1 + \frac{\Delta h_c / \nu + c_{pg} (T_\infty - T_{boil})}{q_{i-l} + h_{fg}} \right] \tag{2.8}$$

式中, Δh_c 是单位质量燃料燃烧的反应热; ν 是化学反应当量比; q_{i-l} 是单位质量燃料从初始温度上升到燃烧时表面温度所吸收的热量; h_{fg} 是燃料的汽化潜热。

引入斯波尔丁数:

$$B_{o,q} = \frac{\Delta h_c / \nu + c_{pg} (T_\infty - T_{boil})}{q_{i-l} + h_{fg}} \tag{2.9}$$

将式(2.9)代入式(2.8),得

$$\dot{m}_F = \frac{4\pi\, k_g\, r_s}{c_{pg}} \ln(1 + B_{o,\,q}) \tag{2.10}$$

定义燃烧速率常数 K 如下:

$$K = \frac{8k_g}{\rho_1 c_{pg}} \ln(1 + B_{o,\,q}) \tag{2.11}$$

式中, ρ_1 是液滴密度。

根据液滴密度和体积,液滴质量 m_d 可表示为

$$m_d = \frac{\rho_1 \pi d^3}{6} \tag{2.12}$$

式中, d 是液滴粒径。对液滴质量求导得到液滴质量减小速率:

$$\dot{m}_d = \frac{\rho_1 \pi\, d^2\, \dot{d}}{2} \tag{2.13}$$

金属颗粒燃烧过程中,其着火前颗粒表面形成的氧化物及燃烧过程中氧化物产物在表面的凝聚,致使金属液滴不能完全裸露于氧化剂环境中,表面覆盖物致使金属蒸气流量减小。考虑颗粒表面覆盖物的影响,引入覆盖系数 δ_s ,得到金属颗粒质量减小速率:

$$\dot{m}'_d = \frac{\delta_s\, \rho_1 \pi\, d^2\, \dot{d}}{2} \tag{2.14}$$

根据质量守恒,综合式(2.10)、式(2.11)和式(2.14)得到液滴燃烧修正的 D^2 定律:

$$d^2(t) = d_0^2 - \frac{K}{\delta_s} t \tag{2.15}$$

式中, d_0 是液滴初始粒径; t 是燃烧时间。于是得到液滴燃烧寿命 t_d :

$$t_d = d_0^2 \frac{\sigma_s}{K} \tag{2.16}$$

本章采用液滴燃烧模型描述镁颗粒在空气和水蒸气中的燃烧过程,并应用

液滴燃烧修正的 D^2 定律计算镁颗粒燃烧寿命[144]。

2.3.2.3　粒径对颗粒燃烧寿命的影响

为确定粒径对镁颗粒燃烧寿命的影响规律,本节进行了相同工况下水蒸气中不同粒径镁颗粒的 9 次着火燃烧试验,试验编号为 B-04~B-12。试验直流电源设置为电压 5.8 V、电流 8.5 A,采用高速摄影仪拍摄颗粒着火燃烧过程,并根据图片中火焰明亮程度判断颗粒着火后的燃烧寿命,图 2.17 是燃烧寿命内的颗粒火焰发展过程。试验前将镁颗粒固定在颗粒燃烧装置上,之后密闭高压容器,并使用真空泵将其抽至真空状态,正式试验时序及工况与 B-02 号试验相同。

表 2.2 是水蒸气中不同粒径镁颗粒燃烧寿命,随着粒径的增大,颗粒燃烧寿命总体呈增长趋势。由于各个镁颗粒表面的氧化物外壳厚度并不相同,其对燃烧过程影响程度也不同,致使少数颗粒燃烧寿命的变化趋势受到一定影响,例如粒径增大后,B-09 号试验颗粒燃烧寿命反而小于 B-08 号试验。

表 2.2　水蒸气中不同粒径镁颗粒燃烧寿命

试 验 编 号	颗粒直径/mm	最高容器压强/MPa	燃烧时间/s
B-04	1.5	0.072	1.3
B-05	2.0	0.068	2.0
B-06	2.4	0.063	2.3
B-07	2.6	0.071	3.6
B-08	3.2	0.068	5.0
B-09	3.3	0.070	4.6
B-10	3.6	0.067	6.7
B-11	4.3	0.065	8.2
B-12	5.0	0.073	11.5

针对不同粒径镁颗粒,采用 2.2.2 节中的颗粒燃烧寿命计算模型进行计算,图 2.26 是不同粒径镁颗粒燃烧寿命理论值与试验值对比,图中 D1 为 D^2 定律计算结果,D2 是修正的 D^2 定律计算结果。试验与理论计算结果有相同的变化趋势,且粒径越小时,试验值与 D^2 定律理论值的偏差越小;通过试验与理论计算对比,确定覆盖系数为 0.5 时,试验值与计算值吻合良好,修正的 D^2 定律能够较好地描述颗粒燃烧寿命随粒径的变化。

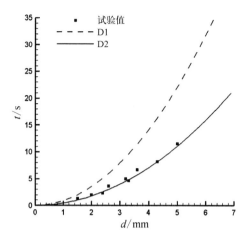

图 2.26 不同粒径镁颗粒燃烧寿命
理论值与试验值对比

2.4 小结

为深入了解水冲压发动机中镁金属的燃烧过程,本章通过理论分析和颗粒着火燃烧试验的方法,对水蒸气中镁颗粒着火与燃烧过程进行了研究,主要工作和结论如下。

(1)掌握了镁颗粒在水蒸气中着火与燃烧的特性,确定了其中镁颗粒的着火温度。通过颗粒着火燃烧试验观测到,镁颗粒在水蒸气中的着火燃烧过程经历了从表面氧化反应到蒸气相扩散燃烧的过渡,与其在空气中燃烧现象不同的是,镁/水燃烧在火焰面生成密度很小的氢气,部分氧化镁产物跟随氢气向外扩散并凝结,在火焰上形成向上发展的白色絮状物,燃烧后氧化镁产物呈疏松絮状结构。采用红外测温仪,对镁颗粒着火温度进行测量,两次试验结果均处于1 150~1 200 K。

(2)通过试验修正了描述燃烧寿命的 D^2 定律,确定了粒径对镁颗粒在水蒸气中燃烧寿命的影响规律。在相同的工况下,采用高速摄影仪观测镁颗粒燃烧寿命随粒径的变化,试验发现镁颗粒燃烧寿命随着粒径的增大而延长,且颗粒粒径越小,其燃烧寿命的变化规律越接近 D^2 定律;通过引入覆盖系数,获得了修正的 D^2 定律,与试验结果对比,其计算结果能够较好地反映颗粒燃烧寿命随粒径的变化规律。

第 3 章

水反应金属燃料稳态燃烧过程研究

3.1 引言

　　水冲压发动机比冲随着水反应金属燃料中金属含量的增加而显著提高,采用高金属含量水反应金属燃料是实现高性能水冲压发动机的首选途径。随着燃料中金属含量的提高,燃料自身携带的氧化剂减少,仅凭氧化剂、黏合剂热解及产物反应产生的热量将不足以维持燃料的燃烧,必须与冲压进入燃烧室的水进行耦合燃烧,在燃烧区热反馈的作用下完成燃料化学能的有效释放。因此,与金属含量较低的水反应金属燃料相比,高金属含量水反应金属燃料具有不同的燃烧机理。

　　目前国内用于水冲压发动机研究的镁基水反应金属燃料中,有报道的金属镁含量已达到 73%,关于此类发动机的性能试验也已初步展开。就目前的研究情况来看,73 型镁基燃料(即金属含量 73%的镁基燃料)水冲压发动机可以自维持燃烧,开展 73 型镁基水反应金属燃料稳态燃烧机理研究,对提高 73 型镁基燃料水冲压发动机性能,探索更高金属含量水反应金属燃料稳态燃烧机理,实现高金属含量镁基燃料水冲压持续稳定燃烧具有重要意义。

　　本章对 73 型镁基水反应金属燃料在氩气和水蒸气环境下的稳态燃烧特性开展试验研究,分析 73 型燃料的燃烧过程和机理,以及影响燃料稳态燃烧性能的宏观因素,为深入开展高金属含量镁基燃料水冲压发动机燃烧过程研究提供理论指导。

3.2 水反应金属燃料燃烧试验系统

3.2.1 试验系统设计

为营造水反应金属燃料与水反应条件,考虑到水冲压发动机工作过程中,水与燃料反应主要是蒸发后的水蒸气与燃料反应,因此可以建立水蒸气环境,通过研究水反应金属燃料在水蒸气环境下的燃烧过程,来探索水反应金属燃料与水的燃烧过程。

为了更好地分析水反应金属燃料在水蒸气环境下的燃烧过程,开展水反应金属燃料自维持燃烧试验作为辅助研究,通过试验结果的对比揭示水反应金属燃料稳态燃烧机理。考虑到燃料中的金属镁较活泼,故选用氩气营造自维持燃烧环境。

以上述思想为指导,设计水反应金属燃料燃烧试验系统,系统原理如图 3.1 所示。整个系统由试验台架、气体供应系统、测量与控制系统等组成,图 3.2 为试验系统照片。

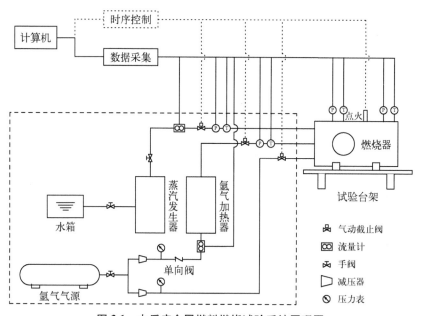

图 3.1 水反应金属燃料燃烧试验系统原理图

本试验系统除了能完成水反应金属燃料在氩气和水蒸气环境下的燃烧机理研究外,经过适当改造,还能进行多种固体燃料及金属或非金属颗粒在各种单一或混合气氛下的点火和燃烧机理研究,具有测试多种工况的试验能力。

3.2.2 燃烧器

水冲压发动机燃烧机理研究试验台由燃烧器、台架、进/排气管路等组成。燃烧器作为重要的燃烧装置,其设计原则如下:

图 3.2 水反应金属燃料燃烧试验系统

（1）壳体厚度应能承受正常发动机工作环境压力；

（2）保证试验样品燃烧产生的燃气对工作环境压强的影响可以忽略，以确保整个燃烧过程在稳态条件下进行；

（3）可对燃烧器内样品燃烧情况进行观察；

（4）可对主要工作参数如压强、温度等进行测量[148]。

在上述原则下，设计如图 3.3 所示燃烧器。整个燃烧器由筒体、点火底座、进气管、观察窗等组成。

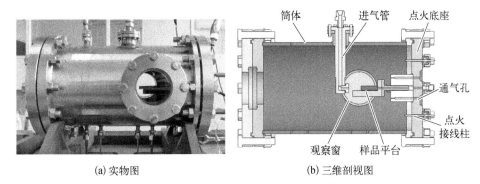

(a) 实物图 　(b) 三维剖视图

图 3.3 燃烧器实物图及三维剖视图

筒体长度为 350 mm，内径为 216 mm，采用不锈钢加工，壳体壁厚为 8 mm，可承受压力不小于 4 MPa。

在筒体周向分布有两个观察窗，窗口直径为 80 mm，安装厚度为 20 mm 的石英玻璃；两观察窗周向位置相对，轴向位置略有交错，一方面利于现象观察和拍摄时的采光,另一方面可以增大观察范围。

点火底座的设计集合了样品平台、通气孔、点火接线柱等结构。样品平台与底座采用螺纹连接,可通过控制旋入深度来调节样品与观察窗相对位置。考虑到水反应金属燃料燃烧过程中会产生大量的烟,在底座上设计了通气孔,试验时通入小流量惰性气体,在样品周围形成流动的气幕,可将燃烧产生的烟雾带离燃烧区,保证观察效果。由于采用电阻丝点火,在底座上焊接了两个点火接线柱,连接电阻丝与点火电源线。

进气管路出口正对样品平台,并安装有喷嘴。喷嘴有两种规格,如图 3.4 所示,其中(a)用于将工作气体引入燃烧器中,为了避免气流对样品产生影响,喷孔出口气流运动方向平行于燃面;(b)用于在熄火试验时引入低温惰性气体进行熄火,喷孔正对样品燃面。

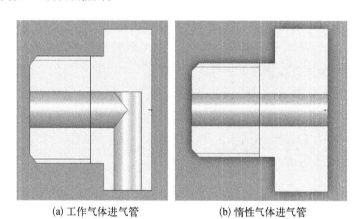

(a) 工作气体进气管　　　　　　(b) 惰性气体进气管

图 3.4　进气管喷嘴剖视图

为减少试验过程中水蒸气的冷凝,在燃烧器一端预留了接口,可用于安装加热装置对燃烧器工作环境进行预热。

3.2.3　气体供应系统

气体供应系统可提供多种气体,如空气、氮气、氧气、氢气、二氧化碳、氩气等,各种气体均可通过配气台进行供应参数设置。本章研究中主要用到了氩气和水蒸气。氩气主要用于营造自维持燃烧试验环境,以及水蒸气环境增压。氩气供应管路中安装有加热器,可对进入燃烧器的气体进行预热,该加热器可将气体加热到 300℃ 左右。水蒸气供应系统主要用来提供高温水蒸气,试验过程中,水蒸气由蒸汽发生器产生,经由高温管路进入燃烧器。蒸汽发生器自带压力表和温度显示器,具有超压保护功能,按要求装水通电加热半小时后,可以连续产生最高温度 260℃、最大压力 3.5 MPa 的水蒸气[149]。

3.2.4　测量与控制系统

试验过程中需要对燃烧器内压力、温度、燃料燃烧波温度等参数进行测量,此外为了了解各管路供应系统的工作状态,还需要测量各管路的压力和温度。压力测量采用绝压变送器,量程为 0~10 MPa,精度等级为 0.1 级;燃烧器和供气管路温度测量采用镍铬-镍硅热电偶,量程为 0~1 573 K,精度等级为工业二级。

试验前管路供应系统参数的设定和调整由配气台完成。配气台由手动操作,它主要完成减压器压强设定及气动截止阀控制压强设定。当试验前各项准备工作完成后,通过测控台计算机设定试验时序。试验时,主测控系统按照设定时序控制供气管路开关,并对试验过程中的压强、温度等相关参数进行测量。图 3.5 所示为配气台(左)和测控台(右)照片。

图 3.5　配气台与测控台

3.2.5　试验过程与数据处理方法

3.2.5.1　试验过程

1. 试验样品

将燃料切成 7 mm×7 mm×70 mm 大小的药条(图 3.6),采用聚乙烯和二氯乙烷溶剂配置的阻燃剂对样品侧面进行包覆,以确保燃烧沿端面进行,包覆 3~4次,间隔 4 小时,晾干后贮存在干燥箱待用。

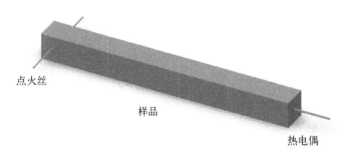

点火丝

样品

热电偶

图 3.6　试验样品示意图

2. 点火测试

采用直径 0.12 mm 的镍铬合金丝作为点火丝(图 3.7),由于燃料中氧化剂含量较低,需要在试验前进行点火测试,确定点火丝数量和点火持续时间,一方面保证燃料可以点燃,另一方面尽量保证点火丝熔断,避免对燃烧产生影响。

3. 燃烧波测量

采用 0.5 mm K 型热电偶(图 3.8)测量燃料稳态燃烧时温度随时间变化曲线;试验前将热电偶埋入样品中一定深度,样品点燃后,热电偶测温端随燃面退移分别测得固相、燃面和气相火焰温度随时间变化过程,即燃烧波温度曲线。对燃烧波温度曲线进行处理,可获得燃面温度、气相火焰温度等参数。

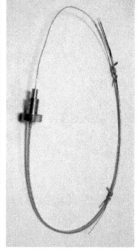

图 3.7　点火丝　　　　　图 3.8　K 型热电偶

4. 试验步骤

将埋设了热电偶的样品放置在样品平台上,安装点火底座、观察窗、压力传感器、热电偶、进气管路等,检查系统气密性之后连接点火线,设定时序,启动录像系统,开始试验。

3.2.5.2　数据处理方法

试验后可获得的数据包括燃烧器压力-时间曲线、温度-时间曲线、燃料燃烧波温度-时间曲线,此外还有试验前记录的样品尺寸参数等。为了分析燃料的燃烧性能,需要对这些数据进行处理。

1. 气相水蒸气浓度

研究中需要进行不同环境下的试验,由于水蒸气提供压力有限,需要采用氩气进行辅助增压,这就涉及燃烧器内的水蒸气浓度的计算。试验时,先通入预热的氩气,并采集此时的压力 P_{Ar},然后通入水蒸气,得到混合气的压力 P_c。对容器中水蒸气和混合气分别列方程如下[150]:

$$P_{H_2O}V = n_{H_2O}R_m T_{H_2O} \tag{3.1}$$

$$P_c V = n_0 R_m T_c \tag{3.2}$$

其中, P_{H_2O} 为水蒸气提供的分压力; V 为燃烧器有效容积; n_0、n_{H_2O} 分别为混合气物质的量和水蒸气物质的量; T_{H_2O}、T_c 分别为水蒸气温度和混合气温度; R_m 为常数。 忽略温度变化,则

$$\frac{P_{H_2O}}{P_c} = \frac{n_{H_2O}}{n_0} \tag{3.3}$$

水蒸气提供的分压力可由下式求得:

$$P_{H_2O} = P_c - P_{Ar} \tag{3.4}$$

混合气中水蒸气浓度可由其摩尔分数表示为

$$Y_{OX} = \frac{P_{H_2O}}{P_c} \tag{3.5}$$

2. 燃面温度

固体推进剂稳态燃烧时,燃烧表面平行退移,以燃面作为原点,固相和气相相对位置不随时间变化,这种连续的燃烧反应被称为燃烧波,如图 3.9 所示。燃烧波结构可通过温度分布来体现。研究推进剂燃烧过程的一个基本手段就是测量燃料燃烧波温度分布,通过对燃烧波温度曲线进行处理可确定燃面温度[102]。

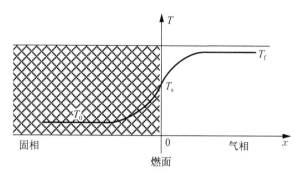

图 3.9 燃烧波温度曲线

忽略热辐射效应,燃料稳态燃烧可认为是一维的热传导过程,燃烧波中任一单元体处于能量平衡状态:

$$\lambda \frac{\mathrm{d}^2 T}{\mathrm{d}\, x^2} - c_p \rho r \frac{\mathrm{d}T}{\mathrm{d}x} + Q = 0 \tag{3.6}$$

式中,T 为燃烧波任一点处的温度;λ 为热传导系数;x 为燃烧波移动方向上的距离;c_p 为比定压热容;ρ 为密度;r 为燃速;Q 为反应热。

假设固相反应热源项 Q 与火焰对燃面的热反馈相比可以忽略,将上式在固相和气相分别进行积分,得:

固相温度分布为

$$T = T_0 + (T_s - T_0)\exp\left(\frac{c_{pc}\rho_c r_b}{\lambda_c}x\right) \tag{3.7}$$

气相温度分布为

$$T = T_f - (T_f - T_s)\exp\left(-\frac{c_{pg}\rho_g r_g}{\lambda_g}x\right) \tag{3.8}$$

其中,T_0、T_s、T_f 分别为燃料初温、燃面温度和气相平衡火焰温度;下标 c 表示凝相;g 代表气相。将式(3.7)、式(3.8)分别对 x 求导:

$$\frac{\mathrm{d}T}{\mathrm{d}x} = (T_s - T_0)\frac{c_{pc}\,\rho_c\,r_b}{\lambda_c}\exp\left(\frac{c_{pc}\,\rho_c\,r_b}{\lambda_c}x\right) \tag{3.9}$$

$$\frac{\mathrm{d}T}{\mathrm{d}x} = (T_f - T_s)\frac{c_{pg}\,\rho_g\,r_g}{\lambda_g}\exp\left(-\frac{c_{pg}\,\rho_g\,r_g}{\lambda_g}x\right) \tag{3.10}$$

式(3.9)、式(3.10)所代表的曲线在 $x = 0$ 时交于一点,该点对应的温度即为燃面温度 T_s。

3. 燃速

根据试验测得燃烧器内压力随时间变化曲线,取压力开始爬升点作为着火时刻 t_{ig};采用上节燃烧波温度处理方法,获得燃面温度对应时刻 t_s,则燃料燃速可采用下式计算:

$$r_b = \frac{L - L_1 - L_2}{t_s - t_{ig}} \tag{3.11}$$

式中,L 为试验样品长度;L_1 为热电偶埋设深度;L_2 为点火丝距点火端距离,如图 3.10 所示。

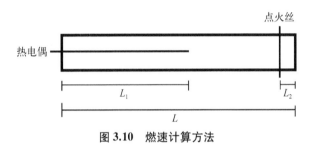

图 3.10　燃速计算方法

3.3　镁基水反应金属燃料热分解特性

3.3.1　73 型燃料热分解基本特征

73 型镁基水反应金属燃料热分解差示扫描量热仪(differential scanning calorimetry,DSC)曲线如图 3.11 所示。试验气氛为氩气,气体流量为 40 mL/min,样品质量约 2.5 mg,样品升温区间为 20~720℃,系统升温速率为 10℃/min。

根据图 3.11,关于 AP、HTPB 热分解特性的研究,对 73 型镁基水反应金属燃料热分解特征描述如下:

(1) 在 260℃ 左右出现了尖锐的放热单峰,为 AP 的分解反应峰;

(2) 在 460℃ 左右出现较宽的放热峰,是端羟基聚丁二烯(hydroxy-terminated polybutadiene,HTPB)的分解反应峰叠加而成;

(3) 在 680℃ 左右出现镁的氧化放热峰,是样品中的镁发生氧化反应形成。

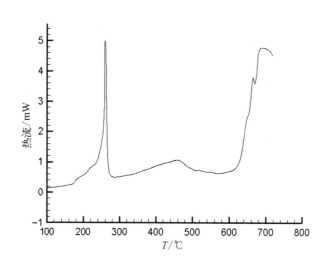

图 3.11   73 型镁基水反应金属燃料 DSC 曲线

在氩气气氛、10℃/min 的升温速率条件下,73 型镁基水反应金属燃料热重-差热分析(thermogravimetric-differential thermal analysis,TG - DTA)曲线如图 3.12 所示。在 240℃ 左右出现明显的 DTA 峰,表现为 TG 曲线失重,这是由 AP 热分解形成的;从 450℃ 到 550℃ 左右,出现 DTA 小峰,TG 曲线出现缓慢失重,这一过程主要是 HTPB 的热分解;至此,AP、HTPB 分解完全,TG 曲线显示样品失重约 26%,与燃料中 AP、HTPB 含量基本吻合;在 650℃ 左右出现镁的熔化吸热峰及氧化放热峰,后者是由镁与 AP 热解产物及气氛中混入的空气发生氧化反应导致,表现为 TG 曲线增重;至 710℃ 左右,镁的氧化放热峰结束,这时 TG 曲线不

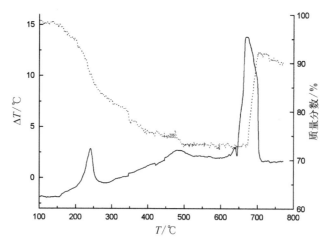

图 3.12   73 型镁基水反应金属燃料 TG - DTA 曲线

再增重,是由于镁颗粒表面形成了氧化镁层,阻止了进一步的氧化。

3.3.2 73 型燃料热分解历程

根据上述热分析结果可以看出,73 型镁基水反应金属燃料的热分解由各组分热分解和氧化反应过程叠加而成,其热分解历程可简要描述如下。

从 150℃ 左右,AP 开始缓慢的放热分解反应,在 240℃ 出现明显的放热峰,至 280℃ 分解完全,AP 分解产生氧化性产物并放出大量的热;HTPB 从 300℃ 左右开始缓慢分解,产生大量碳氢化合物;570℃ 左右,燃料中的氧化剂和黏合剂基本分解完全,剩余分解后的部分残渣及镁颗粒;645℃ 左右,燃料中的镁颗粒吸热熔化,在氧化性环境中,熔融的镁液滴发生剧烈的氧化反应,生成氧化镁膜,并放出大量的热。

了解 73 型镁基水反应金属燃料的热分解历程,对于我们进一步分析其稳态燃烧现象和燃烧过程,揭示燃烧机理具有重要参考价值。

3.4 镁基水反应金属燃料稳态燃烧试验

73 型镁基水反应金属燃料试验药条包覆前照片如图 3.13 所示,燃料中镁颗粒粒径较小。

图 3.13 73 型镁基水反应金属燃料试验样品(包覆前)

3.4.1 自维持燃烧基本特征

在燃烧器中充填氩气,按照第 2 章所述试验步骤进行 73 型镁基水反应金属燃料自维持燃烧试验。试验测得燃料在不同时刻的燃烧波温度,经变换得到燃烧波温度随燃面退移距离变化曲线,并将燃烧波温度对燃面退移距离求导,得到燃烧波温度微分曲线,如图 3.14 所示。图中各物理量定义与 3.3.1 小节相同。

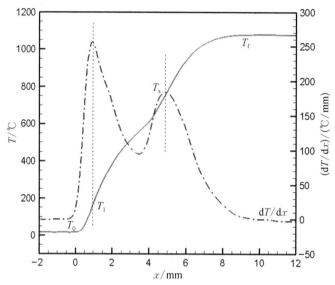

图 3.14　73 型镁基水反应金属燃料自维持燃烧燃烧波温度曲线

　　73 型镁基水反应金属燃料自维持燃烧时,燃烧波温度经历上升段后逐渐趋于稳定。燃烧波温度微分曲线上两个峰值对应温度 T_1、T_s 分别为 155.2℃ 和 759.7℃,结合燃料热分解特性及燃烧波测温原理,前者对应燃料中 AP 开始热分解反应时的温度,后者对应热电偶测温端由凝相进入气相时的温度,即燃面温度。以上述两个温度为节点,将燃烧波温度曲线划分为三个区间,各区间内的物理化学过程如下:

　　$T_0 \sim T_1$,燃料吸热升温,但不发生化学反应,定义为惰性加热区;

　　$T_1 \sim T_s$,燃料中的 AP 和 HTPB 进行热分解反应;由于 T_s 高于金属镁的熔点,燃料中的镁颗粒吸热熔化,该段总的热效应为放热,定义为凝相反应区;

　　$T_s \sim T_f$,AP 与 HTPB 气相热解产物之间发生剧烈的燃烧反应;高温镁液滴在 AP 热解氧化性产物作用下开始剧烈氧化,该段定义为气相反应区。

　　表 3.1 给出了本次试验的试验参数及主要结果。工作压强为 2.23 MPa 时,73 型镁基水反应金属燃料自维持燃烧的燃面温度为 759.7℃,气相火焰温度为 1 077.8℃,燃速为 24.7 mm/s。

　　图 3.15 所示为 73 型镁基水反应金属燃料自维持燃烧过程中拍摄的火焰图片。由图可以看出,73 型镁基水反应金属燃料自维持燃烧时,火焰紧贴燃面,颜色为明亮的黄色,看不到暗区的存在,没有发现颗粒燃烧形成的火星或轨迹。结合燃烧波温度曲线进行分析,燃料中的 AP、HTPB 热解气体产物在燃面附近燃

表 3.1　73 型镁基水反应金属燃料自维持燃烧试验参数及结果

主　要　参　数	单　位	试验编号 10 - 07 - 19 - 1
环境压强	MPa	2.23
燃料初温	℃	17.5
惰性加热区温度范围	℃	17.5~155.2
凝相反应区温度范围	℃	155.2~759.7
气相反应区温度范围	℃	759.7~1 077.8
燃面温度	℃	759.7
气相火焰温度	℃	1 077.8
燃速	mm/s	24.7

图 3.15　73 型镁基水反应金属燃料自维持燃烧火焰

烧形成火焰;由于 73 型燃料中 AP、HTPB 含量较低,经由凝相热分解反应产生的热解气体较少,很难将燃料中的镁液滴带入气相;燃面上的镁液滴在气相火焰热反馈作用下吸热蒸发,并与 AP 热解氧化性气体产物反应放热,形成明亮的火焰。

采用向燃面喷射低温氩气的方法,获得了 73 型镁基水反应金属燃料自维持燃烧中止后的熄火表面。在扫描电镜(scanning electron microscope, SEM)下进行观察,如图 3.16 所示。大量熔融状态的颗粒黏附在疏松多孔的结块上,颗粒间的界限较为模糊。结合燃烧波温度曲线及自维持燃烧火焰进行分析,镁颗粒在燃面附近气相火焰热反馈作用下吸热熔化,由于颗粒分布密集,相邻镁液滴之间出现相互融合的趋势,并黏附在 HTPB 热解后的残渣骨架上。

收集 73 型镁基水反应金属燃料自维持燃烧后残留在样品平台上的凝相残渣,并在扫描电镜下观察,得到不同放大倍数的电镜照片,如图 3.17 所示。可以看出,73 型镁基水反应金属燃料自维持燃烧凝相残渣中主要有三种形态的物质:表面仍完整或带有孔洞的球形颗粒、疏松块状物和少量的灰黑色粉末。分

(a) 放大100倍   (b) 放大200倍

图 3.16   73 型镁基水反应金属燃料自维持燃烧熄火表面 SEM 照片

析认为,球形颗粒主要为部分氧化的镁颗粒,表面孔洞是由镁颗粒熔化时液态镁流出形成;疏松块状物为黏合剂热解后的碳骨架,灰黑色粉末主要为 HTPB 燃烧后剩余的无机碳渣。由于 73 型燃料中 HTPB 含量减少,燃烧产生的碳渣减少;大量的镁颗粒没有被带入气相,而是黏附在 HTPB 热解形成的碳骨架中,导致碳骨架的体积增大[图 3.17(b)],块状物数量增多。

(a) 放大30倍   (b) 放大220倍

图 3.17   73 型镁基水反应金属燃料自维持燃烧凝相残渣 SEM 照片

为进一步分析 73 型镁基水反应金属燃料自维持燃烧后的凝相残渣成分,对其进行 XRD(X-ray Diffraction)分析(图 3.18)。结果显示,凝相残渣中含有大量的 Mg、相对少量的 MgO 以及微量的 Mg_3N_2。73 型镁基水反应金属燃料自维持燃烧时,燃料中的镁颗粒在 AP 热解氧化性产物的作用下氧化生成氧化镁,由于 AP 含量较低,剩余大部分镁没有氧化。微量的 Mg_3N_2 是由于燃烧过程中混入的氮气与镁反应形成的。

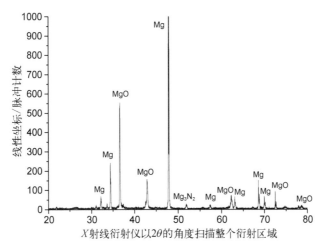

图 3.18　73 型镁基水反应金属燃料自维持燃烧凝相产物 XRD 图谱

3.4.2　水蒸气环境下稳态燃烧基本特征

在燃烧器中通入水蒸气,按照第 2 章所述试验步骤进行 73 型镁基水反应金属燃料在水蒸气环境下的燃烧试验。试验测得燃料在不同时刻的燃烧波温度,经过处理得到燃烧波温度随燃面退移距离变化曲线,并将燃烧波温度曲线对燃面退移距离求导,获得燃烧波温度微分曲线,如图 3.19 所示,图中各量含义同前。

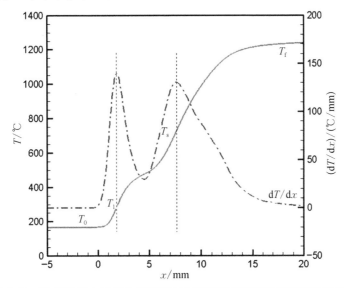

图 3.19　73 型镁基水反应金属燃料在水蒸气环境下燃烧燃烧波温度曲线

　　燃烧波温度微分曲线两个峰值对应温度 T_1、T_s 分别为 277.2℃ 和 725.0℃。对比图 3.19 和图 3.14，由于试验过程中在短时间内通入高温水蒸气，燃料温度急剧上升，导致 73 型燃料在水蒸气环境下燃烧时的凝相反应开始温度大幅度提高。以 T_1、T_s 为节点，将 73 型镁基水反应金属燃料在水蒸气环境下的稳态燃烧波温度曲线划分为三个区间：

　　$T_0 \sim T_1$，为惰性加热区，燃料吸热升温，但不发生化学反应；

　　$T_1 \sim T_s$，为凝相反应区，燃料中的 AP 和 HTPB 发生热分解反应，由于 T_s 大于镁的熔点，镁颗粒在该段内吸热熔化，总的热效应体现为放热；

　　$T_s \sim T_f$，为气相反应区，主要发生 AP 与 HTPB 气相热解产物、AP 气相热解产物与 Mg、水蒸气与 Mg 之间的燃烧放热反应。

　　表 3.2 给出了本次试验的参数及主要结果。在压强 1.31 MPa 下，73 型镁基水反应金属燃料在水蒸气环境下稳态燃烧的燃面温度为 725.0℃，气相火焰温度为 1 247.3℃，燃速为 36.9 mm/s。与自维持燃烧的燃速相比，水蒸气环境下的燃速值明显升高，说明燃面获得的热反馈增加。

表 3.2　73 型镁基水反应金属燃料在水蒸气环境下燃烧试验参数及结果

主　要　参　数	单　位	试验编号 11-02-28
环境压强	MPa	1.31
燃料初温	℃	167.9
惰性加热区温度范围	℃	167.9~277.2
凝相反应区温度范围	℃	277.2~725.0
气相反应区温度范围	℃	725.0~1 202.8
燃面温度	℃	725.0
气相火焰温度	℃	1 202.8
燃速	mm/s	36.9

　　图 3.20 所示为燃烧过程中拍摄到的火焰图片。与图 3.15 自维持燃烧火焰相比，73 型镁基水反应金属燃料在水蒸气环境下的燃烧火焰高度增加、亮度增大，火焰周围出现大量白色的烟状物。结合燃烧波温度曲线及自维持燃烧过程进行分析，燃料中的镁颗粒在燃面熔化成为镁液滴，并在气相热反馈的作用下蒸发成为镁蒸气，与环境中的氧化剂反应放热。由于燃料自身携带的 AP 量较少，自维持燃烧时剩余大量的镁没有充分燃烧；水蒸气环境下，随着 AP、HTPB 与镁燃烧火焰随着燃面的退移，水蒸气扩散到已燃区与未反应的镁继续反应放热，火

焰区加长。由于参与反应的镁增多,气相放热量增加,温度升高,火焰亮度增加。镁与水蒸气反应产生氢气,携带部分产物氧化镁进入气相,在火焰周围形成白色的烟。

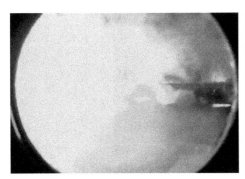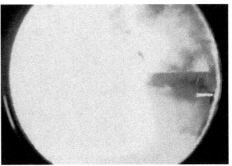

图 3.20　73 型镁基水反应金属燃料在水蒸气环境下燃烧火焰

采用往燃面喷射低温氩气的方法,获得了 73 型镁基水反应金属燃料在水蒸气环境下燃烧中止后的熄火表面,在扫描电镜下进行观察,获得不同放大倍数的照片,如图 3.21 所示。不同粒径的镁颗粒黏附在熄火表面上,小粒径颗粒有熔融的痕迹,部分颗粒表面包覆有絮状物,推测是燃烧形成的氧化镁。

(a) 放大100倍　　　　　　　　　　　(b) 放大200倍

图 3.21　73 型镁基水反应金属燃料在水蒸气环境下燃烧熄火表面 SEM 照片

收集 73 型镁基水反应金属燃料在水蒸气环境下燃烧后的凝相残渣,如图 3.22 所示,残渣保持燃烧前的药条形状(拆卸装置时部分被损坏),主体呈白色并夹杂部分灰黑色物质,由镁颗粒燃烧后形成的氧化镁和 HTPB 热解后剩余的碳骨架组成。

图 3.22   73 型镁基水反应金属燃料在水蒸气环境下燃烧凝相残渣

　　对图 3.22 所示残渣进行扫描电镜分析,得到不同放大倍数的电镜照片,如图 3.23 所示。73 型镁基水反应金属燃料凝相燃烧残渣主要由表面带有孔洞的颗粒状物质和疏松块状物组成,颗粒黏附在疏松结块上;与图 3.17 自维持燃烧的残渣相比,水蒸气环境下燃烧残渣中的颗粒破损更加严重,大量颗粒仅剩空壳。分析认为,随着 AP、HTPB 及镁燃烧火焰的退移,未反应的镁与扩散过来的水蒸气继续反应放热,镁燃烧更加充分,颗粒破损程度加剧。燃烧生成固态的氧化镁壳黏附在碳骨架中,一起保持燃烧前的药条形状。结合自维持燃烧现象,可以认为 73 型燃料在水蒸气环境下燃烧时,燃料中的镁颗粒绝大多数没有进入气相,液态镁透过稀疏的氧化镁膜蒸发并与水蒸气燃烧,剩余氧化镁空壳。

(a) 放大 100 倍　　　　　　　　　　　　　　(b) 放大 180 倍

图 3.23   73 型镁基水反应金属燃料在水蒸气环境下燃烧凝相残渣 SEM 照片

将图 3.22 所示残渣进行 XRD 分析,如图 3.24 所示。73 型镁基水反应金属燃料在水蒸气环境下燃烧的凝相残渣中主要含有 MgO、Mg(OH)₂及很少量的镁。相比于自维持燃烧结果,残渣中的镁含量明显减少,氧化镁含量增加。残渣中还出现了少量的氢氧化镁,是低温下水蒸气与镁反应形成的。

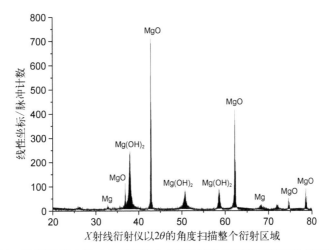

图 3.24　73 型镁基水反应金属燃料在水蒸气环境下燃烧凝相产物 XRD 图谱

对 73 型镁基水反应金属燃料自维持燃烧和在水蒸气环境下燃烧的凝相燃烧产物残渣进行能谱(energy dispersive spectrometer,EDS)分析,结果见表 3.3。可以看出,与自维持燃烧相比,水蒸气环境下的燃烧残渣中镁元素相对含量减少,氧元素相对含量增大。氧元素主要来自氧化剂 AP 和 H_2O,氧含量增大表明水蒸气环境下被氧化的镁增加,燃料中镁颗粒燃烧更充分。

表 3.3　73 型燃料自维持燃烧和在水蒸气环境下燃烧凝相残渣 EDS 分析结果

元　素	原 子 百 分 比	
	自维持燃烧	水蒸气环境
Mg	45.38	39.34
O	47.86	60.66
Cl	6.67	0
总量	100	100

3.4.3　燃烧过程与机理分析

通过对 73 型镁基水反应金属燃料自维持燃烧、在水蒸气环境下燃烧的燃烧

波温度曲线、燃烧火焰图片、熄火表面及凝相燃烧残渣进行分析,总结 73 型镁基水反应金属燃料稳态燃烧特点如下:

（1）在惰性气体氛围和水蒸气体氛围下燃烧时,燃面温度均高于镁颗粒熔点,镁颗粒在燃面熔化;

（2）熔化的镁液滴之间相互融合,并黏附在黏合剂热解后的碳骨架上,基本上不进入气相;

（3）水蒸气环境下的燃烧火焰与惰性环境相比,火焰高度增加,亮度增大,气相反应更加剧烈;

（4）水蒸气环境下燃烧的凝相残渣中,镁颗粒破损程度增加,氧化镁含量增加,镁含量减少。

由于 73 型燃料中 AP、HTPB 含量减少,燃料稳态燃烧时的产气量减少,无法将熔融的镁液滴带离燃面;燃面上的镁液滴在气相热反馈的作用下蒸发成为镁蒸气,与 AP 氧化性热解产物和水蒸气反应放热,并将热量反馈回燃面,维持凝相的进一步热解和镁颗粒的熔化蒸发。

结合 73 型燃料的热分解特性,推断 73 型镁基水反应金属燃料在水蒸气环境下的燃烧过程如下。

在燃烧区热反馈的作用下,燃料吸热升温,在达到 AP、HTPB 的热解温度之前,燃料本身不发生化学变化,属于惰性吸热;随着温度的升高,燃料中的 AP、HTPB 开始进行热分解反应,伴随镁颗粒吸热升温和缓慢氧化,总的热效应为放热;燃料温度继续升高并达到镁颗粒的熔点,燃料中的镁颗粒吸热熔化,并透过稀疏的氧化镁层流出;由于颗粒密集度较高,邻近颗粒会相互融合;AP 氧化性热解产物和 HTPB 热解产物在燃面燃烧放热,形成高温火焰;镁颗粒在气相火焰热反馈的作用下吸热继续熔化并蒸发成为镁蒸气,与 AP 氧化性热解气体反应放热;由于燃料中 AP、HTPB 含量较低,产生的热解气体量少,镁液滴大部分仍停留在燃面,并黏附在 HTPB 热解形成的碳骨架上,没有进入气相;随着 AP、HTPB 及镁燃烧火焰的退移,水蒸气与未反应的镁继续反应放热;燃烧产生的固相产物氧化镁黏附在碳骨架上。由于水蒸气的存在,气相氧化剂浓度增加,更多的镁被氧化,燃烧效率升高,放热量增加,气相温度升高;部分热量反馈回燃面,与 AP、HTPB 气相火焰反馈回燃面的热量一起维持燃料的进一步热解。

如果燃料中的金属含量进一步提高,氧化剂和黏合剂含量更低,燃料稳态燃烧时的产气量进一步减少,更不可能将镁颗粒带入气相;当燃料中的金属含量增加到燃料本身无法自维持燃烧时,燃料中的镁颗粒必定在燃面燃烧。因此,可将

73 型镁基水反应金属燃料稳态燃烧机理推广适用于更高金属含量的镁基水反应金属燃料。

3.5　镁基水反应金属燃料稳态燃烧模型

通过 73 型镁基水反应金属燃料自维持燃烧和在水蒸气环境下的燃烧试验结果的对比分析,了解了燃料的燃烧过程与机理。本节将建立 73 型镁基水反应金属燃料稳态燃烧模型,对影响其燃烧特性的因素进行定量分析。

3.5.1　物理模型

根据 73 型镁基水反应金属燃料稳态燃烧特点,将其燃烧过程划分为三个区,如图 3.25 所示,各区内发生的物理化学过程如下:

(1) 惰性加热区,各组分吸热升温,不发生化学反应;

(2) 凝相反应区,主要发生 AP、HTPB 的热分解反应,以及镁颗粒熔化和蒸发;

(3) 气相反应区,主要发生 AP、HTPB 热解产物之间的反应、镁蒸气与 AP 氧化性产物之间的反应、镁蒸气与水蒸气的反应。

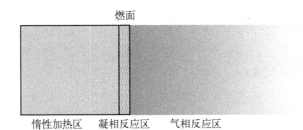

图 3.25　高金属含量镁基水反应金属燃料稳态燃烧物理模型

73 型镁基水反应金属燃料的燃烧过程包括凝相反应和气相反应过程,在确保燃烧可以持续稳定进行的情况下,凝相反应速率相比于气相反应速率来说要小得多,因此燃速主要由凝相反应过程决定。如上所述,凝相反应过程包括 AP、HTPB 热分解和镁颗粒吸热熔化、蒸发,由于燃料中镁的含量远远高于 AP、HTPB 的含量,且其熔、沸点也高于 AP、HTPB 热分解温度,因此燃速主要决定于燃面上镁液滴的蒸发速率。水蒸气与未氧化的镁进行剧烈的放热反应,使得气相火焰温度升高,对燃面的热反馈增加,通过影响镁的吸热过程进一步影响燃速。

考虑燃料中各主要组分及其含量,借鉴 BDP 模型,推测燃面附近气相火焰结构由四部分组成,如图 3.26 所示：由 AP 热解产物 NH_3 和 $HClO_4$ 形成的 AP 预混火焰；由 AP 热解氧化性产物与 HTPB 热解产物形成的初始扩散火焰和最终扩散火焰；由 AP 热解氧化性产物与镁蒸气形成的初始扩散火焰和最终扩散火焰；由镁蒸气与水蒸气形成的扩散火焰。考虑到燃料中 HTPB 的含量相对较低,将 HTPB 与镁统一考虑,即燃面附近火焰包括 AP 预混火焰、AP/HTPB/Mg 初始扩散火焰、最终扩散火焰及 Mg/H_2O 扩散火焰。

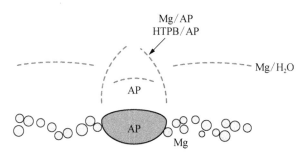

图 3.26　高金属含量镁基水反应金属燃料气相火焰结构

3.5.2　数学模型

3.5.2.1　基本假设

为了便于开展研究,对高金属含量镁基水反应金属燃料燃烧过程进行如下假设：

（1）燃烧过程是一维准定常的；

（2）燃面上镁液滴的蒸发速率为燃速控制过程；

（3）AP、HTPB 热分解反应在燃面进行,反应为零级反应,遵循阿伦尼乌斯（Arrehnius）定律；

（4）忽略镁颗粒熔化前的缓慢氧化过程,认为镁颗粒全部在燃面熔化,不进入气相；

（5）气相反应为简单的均相反应；

（6）产物为完全气体；

（7）只考虑气相对燃面的导热,忽略辐射传热；

（8）AP、Mg 颗粒为球形、单分散。

3.5.2.2　理论燃速公式

根据燃面质量平衡关系式,高金属含量镁基水反应金属燃料稳态燃烧时的

质量燃速可表示为

$$\dot{m}_0 = \rho_c r_b = \dot{m}_{AP}\frac{S_{AP}}{S_0} + \dot{m}_{HTPB}\frac{S_{HTPB}}{S_0} + \dot{m}_{Mg}\frac{S_{Mg}}{S_0} \tag{3.12}$$

图 3.27 所示为一个 Mg – HTPB – AP 燃烧单元,由一个 AP 颗粒、若干个 Mg 颗粒和部分 HTPB 组成。熔化后的镁液滴在燃面蒸发,不进入气相。

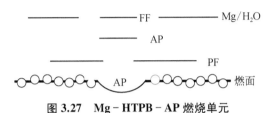

图 3.27　Mg – HTPB – AP 燃烧单元

镁液滴燃烧面积即为其蒸发面积,仍然采用液滴蒸发速率公式描述镁液滴蒸发速率。考虑单位燃面上镁液滴平均燃烧面积,单个镁液滴在燃面上的蒸发燃烧速率表示如下:

$$\dot{m}_{Mg} = 2\pi r\frac{K_g}{c_{pg}}\ln\left[1 + \frac{c_{pg}(T_f - T_b)}{L + c_{pl}(T_b - T_0)}\right] \tag{3.13}$$

式中各物理量含义见 3.4.2.3 小节。

3.5.2.3　燃面热平衡

图 3.28 是燃面热平衡示意图。不考虑燃烧过程中的辐射和能量损失,根据能量守恒原理,使燃料由初温 T_0 升温至 T_s 所需的热量,加上氧化剂和黏合剂热解所需热量,以及镁熔融蒸发吸热量,应等于气相火焰反馈回燃面的热量(吸热为正,放热为负):

$$\dot{m}_0 S_0 c_{pc}(T_s - T_0) + \dot{m}_{AP}S_{AP}\overline{Q}_{AP} +$$
$$\dot{m}_{HTPB}S_{HTPB}\overline{Q}_{HTPB} + \dot{m}_{Mg}S_{Mg}(\overline{Q}_{Mg,m}/\varphi + \overline{Q}_{Mg,b})$$
$$= Q_{flame} \tag{3.14}$$

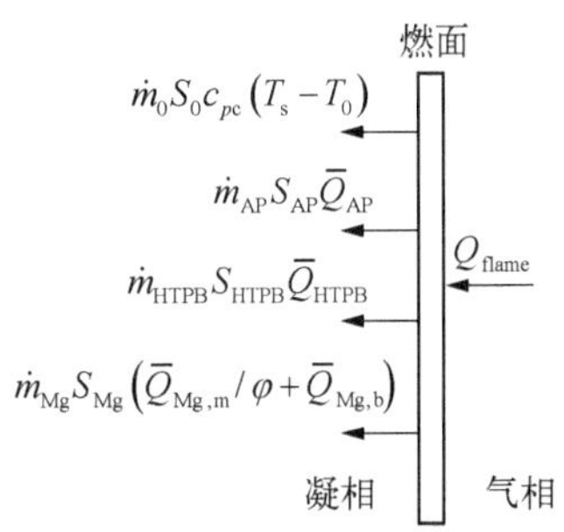

燃面

$\dot{m}_0 S_0 c_{pc}(T_s - T_0)$

$\dot{m}_{AP}S_{AP}\overline{Q}_{AP}$

Q_{flame}

$\dot{m}_{HTPB}S_{HTPB}\overline{Q}_{HTPB}$

$\dot{m}_{Mg}S_{Mg}(\overline{Q}_{Mg,m}/\varphi + \overline{Q}_{Mg,b})$

凝相　气相

图 3.28　燃面热平衡示意图

上式中各物理量含义见 3.4.2.4 小节,φ 为蒸发的镁占燃料中全部镁的质量分数,可根据热力计算求解。

气相火焰包括 AP 预混火焰、AP/HTPB/Mg 初始扩散火焰(PF)、最终扩散火焰(FF)及 Mg/H_2O 扩散火焰。假设气相能量释放集中在相应的火焰壳层，各火焰对燃面的热反馈由气相能量守恒方程确定：

$$\lambda_g \frac{d^2 T}{d x^2} - \rho_g u_g c_{pg} \frac{dT}{dx} = 0 \tag{3.15}$$

文献[151]中有关于各气相火焰对燃面热反馈的详细推导，此处不再赘述，只给出结果：

$$
\begin{aligned}
\tilde{Q}_{AP} &= (1 - \beta_F) \cdot \dot{m}_{AP} S_{AP} Q_{AP,\,flame} \exp(-\xi_{AP}) \\
\tilde{Q}_{PF} &= \beta_F \dot{m}_{AP} S_{AP} \cdot Q_{PF,\,flame} \exp(-\xi_{PF}) \\
\tilde{Q}_{FF} &= (1 - \beta_F) \dot{m}_{AP} S_{AP} \cdot Q_{FF,\,flame} \exp(-\xi_{FF}) \\
\tilde{Q}_{H_2O} &= \dot{m}_{H_2O} S_{Mg} Q_{H_2O,\,flame} \exp(-\xi_{H_2O})
\end{aligned}
\tag{3.16}
$$

各火焰消耗单位质量氧化剂的反应热：

$$Q_{AP,\,flame} = \frac{c_{pg}(T_{AP} - T_0) - \overline{Q}_{AP}}{(1 - \beta_F)}$$

$$Q_{PF,\,flame} = \left[\begin{array}{l} \dot{m}_0 S_0 c_{pg}(T_f - T_0) + \dot{m}_{HTPB} S_{HTPB} \overline{Q}_{HTPB} + \\ \dot{m}_{Mg} S_{Mg}(\overline{Q}_{Mg,\,melt}/\varphi + \overline{Q}_{Mg,\,boil}) + \dot{m}_{AP} S_{AP} \overline{Q}_{AP} \end{array} \right] \Big/ (\beta_F \dot{m}_{AP} S_{AP})$$

$$Q_{FF,\,flame} = \left[\begin{array}{l} \dot{m}_0 S_0 c_{pg}(T_f - T_0) + \dot{m}_{HTPB} S_{HTPB} \overline{Q}_{HTPB} + \\ \dot{m}_{Mg} S_{Mg}(\overline{Q}_{Mg,\,melt}/\varphi + \overline{Q}_{Mg,\,boil}) + \dot{m}_{AP} S_{AP} \overline{Q}_{AP} \end{array} \right] \Big/ \left[(1 - \beta_F) \dot{m}_{AP} S_{AP} \right] - Q_{AP,\,flame}$$

$$Q_{H_2O,\,flame} = \left[\begin{array}{l} \dot{m}_0 S_0 c_{pg}(T_{H_2O} - T_0) + \dot{m}_{HTPB} S_{HTPB} \overline{Q}_{HTPB} + \\ \dot{m}_{Mg} S_{Mg}(\overline{Q}_{Mg,\,melt}/\varphi + \overline{Q}_{Mg,\,boil}) + \\ \dot{m}_{AP} S_{AP} \overline{Q}_{AP} - (1 - \beta_F) \dot{m}_{AP} S_{AP}(Q_{AP,\,flame} + \\ Q_{FF,\,flame}) - \beta_F \dot{m}_{AP} S_{AP} Q_{PF,\,flame} \end{array} \right] \Big/ (\dot{m}_{H_2O} S_{Mg}) + c_{pg-H_2O}(T_{H_2O} - T_\infty)$$

$$\tag{3.17}$$

3.5.3 模型验证

采用上述模型对 73 型镁基水反应金属燃料稳态燃烧试验工况进行计算，计算结果与试验结果列在表 3.4 中。

表 3.4 显示，燃速和燃面温度计算误差在±6%以内，试验结果与计算结果符合较好。下面选取试验 100719 和试验 110106 的计算结果分别进行分析，以进一步了解 73 型镁基水反应金属燃料自维持燃烧和在水蒸气环境下的稳态燃烧机理。

表 3.4　73 型燃料燃烧试验结果与模型计算结果对比

试验编号	环境压强/MPa	环境温度/K	水蒸气浓度	实测燃面温度/K	实测燃速/(mm/s)	计算燃面温度/K	燃面温度误差	计算燃速/(mm/s)	燃速误差
100719	2.23	287.5	0	1 039.3	24.7	1 038.1	−0.1%	26.2	5.7%
101229	1.28	373.4	0.277	1 060.6	33.8	1 064.6	0.4%	33.7	−0.3%
101230	1.70	321.6	0.13	1 082.4	34.9	1 073.0	−0.9%	36.6	4.6%
110106	1.80	322.8	0.211	1 080.4	38.3	1 077.8	−1.4%	39.3	2.6%

　　表 3.5 所示为试验 100719 计算结果。73 型镁基水反应金属燃料在 2.23 MPa 压强下自维持燃烧时,燃面获得的热反馈主要来自 AP 预混火焰和 AP/HTPB/Mg 最终扩散火焰;计算工况下,AP/HTPB/Mg 初焰投射距离大于 AP 预混火焰,初焰不存在。

表 3.5　试验 100719 计算结果

热反馈来源	火焰投射距离/μm	火焰热反馈/(kJ/kg)	火焰热反馈百分比/%
AP 预混火焰	37.2	314.2	43.2
AP/HTPB/Mg 初焰	67.5	0	0
AP/HTPB/Mg 终焰	112.3	413.6	56.8

　　表 3.6 给出了试验 110106 计算结果。1.8 MPa 压强下,73 型镁基水反应金属燃料在水蒸气环境下稳态燃烧时,各火焰对燃面热反馈均有贡献,并以 AP/HTPB/Mg 初焰和 Mg/H_2O 火焰为主。AP 预混火焰和 AP/HTPB/Mg 终焰对燃面的热反馈相对较低。

表 3.6　试验 110106 计算结果

热反馈来源	投射距离/μm	热反馈/(J/kg)	热反馈百分比/%
AP 预混火焰	61.5	65.4	5.5
AP/HTPB/Mg 初焰	54.9	423.0	35.7
AP/HTPB/Mg 终焰	92.7	36.0	3.0
Mg/H_2O 火焰	92.7	661.1	55.8

　　从上述两算例结果中可以看出,镁的燃烧放热在 73 型镁基水反应金属燃料的稳态燃烧中占有重要地位,是燃面获得的热反馈的主要来源。改善燃料的燃

烧性能应从强化镁的燃烧入手[152]。

3.6   镁基水反应金属燃料稳态燃烧特性分析

3.6.1   工作压强的影响

保持其他各因素不变,对不同工作压强下 73 型镁基水反应金属燃料的稳态
燃烧参数进行计算,并与试验结果比较,如图 3.29 所示。可以看出,随着工作压
强的升高,73 型镁基水反应金属燃料稳态燃烧的理论燃速和燃面温度单调增
加,图中试验结果与计算结果趋势符合较好。

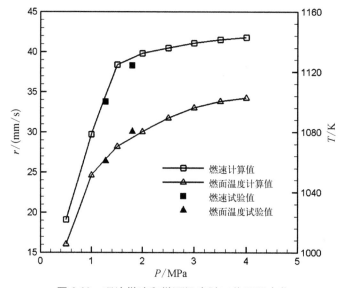

图 3.29   理论燃速和燃面温度随工作压强变化

图 3.30、图 3.31 分别给出了气相各火焰投射距离及其对燃面的热反馈随工
作压强变化曲线。认为 Mg/H_2O 扩散火焰与 AP/HTPB/Mg 最终扩散火焰投射
距离相等,故下面只针对终焰进行分析。整体来看,由于压强升高,气体扩散更
加困难,而化学反应速率加快,故 AP 预混火焰投射距离随压强升高而减小,初
焰和终焰投射距离随压强升高而增加。

当压强小于 2.5 MPa 时,AP 预混火焰和终焰投射距离大于初焰投射距离,
各火焰对燃面的热反馈都有贡献,并以 AP/HTPB/Mg 初焰和 Mg/H_2O 火焰热反
馈为主;压强大于 2.5 MPa 时,AP 火焰投射距离小于 AP/HTPB/Mg 初焰,AP 全

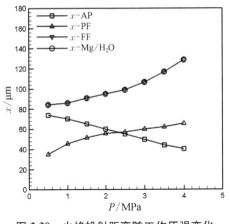

图 3.30　火焰投射距离随工作压强变化

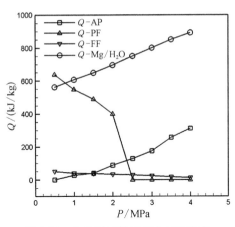

图 3.31　火焰热反馈随工作压强变化

部消耗在预混火焰中,不与 HTPB 热解产物反应,初焰消失。AP 预混火焰对燃面的热反馈随压强升高而增加;而由于压强升高导致由扩散控制的 AP/HTPB 终焰反应困难,放热量减少,对燃面的热反馈降低。由于 AP/HTPB/Mg 终焰投射距离增大,环境中更多的 H_2O 与 Mg 反应,Mg/H_2O 火焰放热量增加,对燃面的热反馈增大。

总体而言,工作压强的升高使得燃面获得的热反馈增加。因此,选取适当高的工作压强有利于改善燃料的燃烧性能。

3.6.2　水蒸气浓度的影响

保持其他各因素不变,对不同水蒸气浓度下 73 型镁基水反应金属燃料的稳态燃烧参数进行计算,并与试验结果比较,结果如图 3.32 所示,图中 $Yox = 0$ 时对应自维持燃烧。

随着环境中水蒸气浓度的增大,燃料稳态燃烧的燃速和燃面温度逐渐增加;环境中有水蒸气时与自维持燃烧相比,增加的幅度较大。图 3.33 和图 3.34 为各火焰投射距离及其对燃面的热反馈随水蒸气浓度变化曲线。结果显示,水蒸气环境下各火焰投射距离与自维持燃烧时相比明显增加,各火焰对燃面的热反馈略有下降。自维持燃烧时,燃面获得的热反馈主要来自 AP/HTPB/Mg 初焰;当环境中有水蒸气存在时,燃面获得热反馈主要来自 AP/HTPB/Mg 初焰和 Mg/H_2O 扩散火焰,且后者占多数。由于水蒸气浓度升高,Mg/H_2O 反应速率增大,放热速率增加,对燃面的热反馈增加;而 AP 预混火焰及 AP/HTPB/Mg 初焰和终焰对燃面热反馈变化不大。

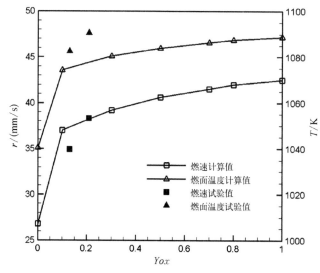

图 3.32 理论燃速和燃面温度随水蒸气浓度变化

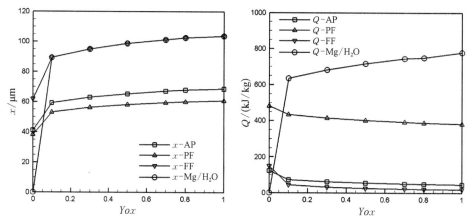

图 3.33 火焰投射距离随水蒸气浓度变化   图 3.34 火焰热反馈随水蒸气浓度变化

综上,水蒸气环境下燃料稳态燃烧燃速和燃面温度显著高于自维持燃烧时的相应值;水蒸气浓度的升高对镁的燃烧具有促进作用,可改善燃料的燃烧性能。

3.6.3 环境温度的影响

保持其他各因素不变,对不同环境温度下燃料的燃烧特性进行计算,结果如图 3.35 所示。可以看出,燃料稳态燃速和燃面温度随环境温度升高而升高,但变化趋势较小。图 3.36 和图 3.37 所示火焰投射距离和各火焰对燃面的热反馈变化曲线显示出相同的特点。

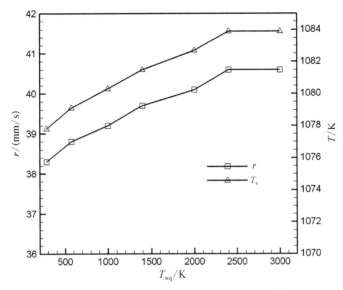

图 3.35　理论燃速和燃面温度随环境温度变化

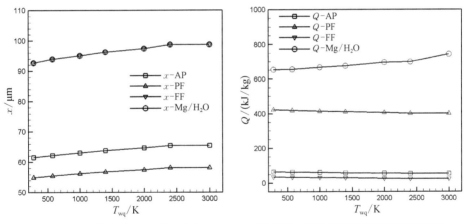

图 3.36　火焰投射距离随环境温度变化　　图 3.37　火焰热反馈随环境温度变化

　　随着环境温度的升高,液态镁蒸发速率增加,燃气质量流率增大,各火焰投射距离增大;由于镁水反应放热速率增加,对燃面的热反馈也增加,因此燃面温度升高,燃速增大。

　　综上所述,高金属含量镁基水反应金属燃料的稳态燃烧特性受到工作压强、水蒸气浓度和环境温度等宏观因素影响较大。水冲压发动机工作时,可通过调节上述参数来改善燃料的燃烧性能。

3.7 小结

本章针对 73 型镁基水反应金属燃料在氩气和水蒸气环境下的稳态燃烧特性开展了试验和理论研究,并将 73 型燃料燃烧特点和机理推广到更高金属含量水反应金属燃料。本章主要工作及结论如下。

(1)简述了水反应金属燃料燃烧试验系统设计思路,提出在水蒸气环境下开展水反应金属燃料与水反应机理研究的试验方法。设计了可进行现象观察和参数测量的开窗式燃烧器,搭建了水冲压发动机燃烧机理研究试验台。该试验系统可扩展用于其他多种固体燃料在各种环境下的点火和燃烧试验研究,具有较宽广的试验能力。介绍了水反应金属燃料燃烧机理研究试验过程与步骤,对水蒸气浓度、燃烧波温度、燃速等试验数据的处理方法进行了详细说明。

(2)采用 DSC、TG - DTA 等热分析方法开展了 73 型镁基水反应金属燃料的热分解特性研究,分析了 73 型燃料的热分解历程,指出燃料的热分解由各组分热分解过程叠加而成。

(3)开展了 73 型镁基水反应金属燃料在惰性和水蒸气环境下稳态燃烧试验研究,指出燃料稳态燃烧具有如下特点:① 燃面温度均高于镁颗粒熔点,镁颗粒在燃面熔化;② 熔化的镁液滴黏附在黏合剂热解后的碳骨架上,与氧化剂热解产物和环境中的水蒸气反应,基本上不进入气相;③ 水蒸气环境下的燃烧火焰与自维持燃烧相比,火焰高度增加,亮度增大;燃烧后的凝相残渣中,镁颗粒破损程度增加,氧化镁含量增加,镁含量减少。

(4)明确了 73 型镁基燃料稳态燃烧过程,指出镁液滴在燃面的蒸发为燃速控制过程;建立了 73 型镁基燃料稳态燃烧模型,将燃料稳态燃烧过程划分为三个区,分别为惰性加热区、凝相反应区和气相反应区。认为燃面附近气相火焰结构由 AP 预混火焰、AP/HTPB/Mg 初始扩散火焰、AP/HTPB/Mg 最终扩散火焰、Mg/H_2O 扩散火焰四部分组成。该模型可对 73 型镁基水反应金属燃料自维持燃烧和水蒸气环境下的稳态燃烧进行模拟。

(5)分析了工作压强、环境中水蒸气浓度和环境温度对水反应金属燃料稳态燃烧特性的影响,当燃料组分一定时,环境压强、水蒸气浓度和环境温度的提高将带来燃速和燃面温度的增加,模型计算结果实验结果符合较好。

第 4 章

镁基水冲压发动机试验与数值模拟方法研究

4.1 引言

通过发动机试验与数值模拟研究,能够进一步掌握其内部工作过程及其性能变化规律。镁基水冲压发动机作为一种新型水下推进系统,内部燃烧流动过程复杂,工作条件有别于常规火箭或冲压发动机,因此,有必要对水冲压发动机试验与数值模拟方法进行研究。

根据发动机试验环境和工况模拟方式的不同,水冲压发动机试验可分为地面直连试验、水池试验、水洞试验和水下航行试验。地面直连试验是将发动机进水口与地面试车台供水管路直接相连,通过调节进水来流的总压和流量,达到模拟水下环境中发动机内部流动和燃烧过程的目的;水池试验将试车台建立在水池中,同样采用直连进水方式,进一步模拟水下反压对发动机工作的影响;水洞试验通过在水下试车台发动机进水道前建立水流速度场,模拟发动机在水下航行环境中的工作状态;水下航行试验是在研究后期进行的发动机自主航行试验。水洞试验与水池试验的试验系统复杂,运转难度大,试验成本高。相比而言,地面直连试验能够真实模拟燃烧室中的工作过程,并具有投资能耗少、运转方便、可靠性较高等特点,适用于水冲压发动机内部燃烧过程试验研究[148]。

数值分析能够弥补试验设备和经费的不足,在短时间内完成发动机各主要参数的分析计算,为发动机设计的改进和完善提供依据;同时,数值模拟结果反映了整个发动机内部的流场特性,能够揭示试验过程中难以发现或不易理解的流动和燃烧现象;另外,通过数值模拟方法对发动机结构参数和工作参数进行优化设计,对提高发动机燃烧效率和性能具有重要意义。近年来,计算机技术飞速发展,各种流动燃烧过程的计算子模型逐渐完善,为发动机内部燃烧流动过程数值仿真提供了良好基础[153]。

本书后续研究内容将主要以发动机地面直连试验与数值模拟相结合的方式展开。为此,本章对水冲压发动机直连试验方法进行了研究,并根据燃烧室压强和推力的变化规律,对几种试验数据处理方法进行对比分析;详细介绍水冲压发动机燃烧室内燃烧流动过程的主要模型,并在第 2 章镁颗粒着火与燃烧过程研究的基础上,建立水冲压发动机内镁滴着火与燃烧模型;通过水冲压发动机直连试验,对数值模拟方法进行验证。

4.2 水冲压发动机地面直连试验方法研究

4.2.1 水冲压发动机地面直连试验设计

4.2.1.1 水冲压发动机地面直连试验系统

本书采用水冲压发动机地面直连试验系统进行试验研究,该系统主要由供水管路系统、高精度试车台、测量控制系统组成,结构示意图如图 4.1 所示[154]。

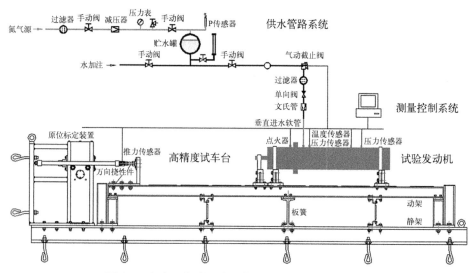

图 4.1 水冲压发动机地面直连试验系统结构示意图

(1)供水管路系统。该子系统采用挤压式供水方式实现对燃烧室的稳定流量输送,它主要包括氮气源、减压器、贮水罐、气动截止阀、文氏管等部件。试验前根据供水流量要求,选配相应型号文氏管,并通过减压阀设定增压压强。供水过程中,当上下游压差大于某一临界值时,文氏管具备稳定流量的功能[149]。系统由高压氮气罐提供增压压力,其最大供气压强为 10 MPa,相应的最大供水流量为 2.0 kg/s。

(2) 高精度试车台。该子系统由静架、动架、测力组件、原位标定装置等 4 部分组成,其中测力组件又包括推力传感器、万向挠性件和板簧。静架底座固定在水平地面上,测力组件与静架固定连接。动架前部通过推力架与推力传感器接触,且动架头部与静架之间存在间隙,以提供动架轴向运动的小位移自由度,使推力全部作用到推力传感器上。在静架前部安装的原位标定装置,可在试车前后对动架施加标准推力,实现对包括传感器、发动机、试车台、供水管路等在内的整个试验系统推力系数标定。

(3) 测量控制系统。该子系统主要由控制台、电磁阀、传感器和传输导线组成。试验前必须对传感器进行标定,并通过控制台计算机设定试验时序。正式试验时,测量控制系统按照设定时序控制供水管路开关和发动机点火,并对试验过程中相关压强、温度和流量等参数进行测量。在试验参数测量方面,两次进水流量测量采用液体涡轮流量计,量程 0.25~1.6 m³/h,精度等级 1.0 级;燃烧室压强测量采用绝压变送器,量程 0~10 MPa,精度等级 0.1 级;燃烧室温度测量采用镍铬-镍硅热电偶,量程 0~1 300℃,精度等级工业二级;推力计采用电阻应变式载荷传感器,量程 200 kg,精度等级 0.1 级,每次试验前后需对试车台推力计进行原位标定。

4.2.1.2　进水方式设计

进水方式的不同将对试验发动机推力测量精度产生影响。进水口与供水管路之间可采用轴向进水或垂直进水的方式。轴向进水方式通常是在接口处采用非接触式的轴向密封结构[150],这种非接触式结构能够消除摩擦引起的误差,但也不可避免水流泄漏的问题[152]。

垂直进水方式是通过垂直软管连接发动机进水口和供水管路,如图 4.1 所示。这种连接方式能够有效减小试验过程中进水冲量对发动机轴向测量推力的影响,同时具备结构简单、密封效果好和推力测量准确的特点。本节利用试验系统的原位标定装置,在发动机安装完毕后,对试车台施加一组标准力,分别进行了开启和关闭进水条件下的推力标定,标定结果如表 4.1,其中标准推力传感器的推力系数为 80 kg/mV,结果显示两组数据得到的推力系数相当。因此,本书采用垂直进水方式进行水冲压发动机直连试验,并且在处理小流量缩比试验发动机时,忽略垂直进水冲量对轴向推力的影响。

表 4.1   测量推力计标定结果

开 启 进 水 时		关 闭 进 水 时	
标准推力计/mV	测量推力计/mV	标准推力计/mV	测量推力计/mV
0.302 3	0.480 1	0.296 7	0.481 1
0.649 9	1.037 4	0.614 4	0.993 6
0.913 5	1.498 3	0.927 6	1.495 3
1.268 4	2.103 2	1.215 8	2.035 8
1.515 4	2.416 7	1.501 1	2.495 4
推力系数/(kg/mV)	49.535 3	推力系数/(kg/mV)	48.866 7

4.2.1.3   试验发动机设计

为研究发动机内部燃烧过程和规律,设计了两种构型的试验水冲压发动机(Ⅰ型和Ⅱ型),图 4.2、图 4.3 分别是Ⅰ型、Ⅱ型发动机结构示意图和实物图,两种构型的燃烧室长度和进水口位置分布均不相同。试验水冲压发动机在结构上主要由三个部分组成:装药室、燃烧室和喷管。在燃烧室壁面轴向方向上分两次进水,每次进水包含 4 个入口并沿周向均匀分布,试验前根据需要在各进水口安装不同类型的喷嘴。喷管喉部采用可拆卸式设计,根据试验设计工况选取相应喉径喷喉。

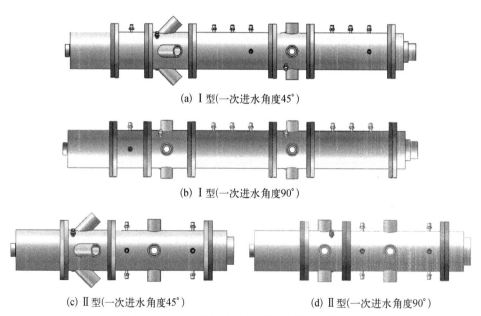

(a) Ⅰ型(一次进水角度45°)

(b) Ⅰ型(一次进水角度90°)

(c) Ⅱ型(一次进水角度45°)   (d) Ⅱ型(一次进水角度90°)

图 4.2   Ⅰ型、Ⅱ型试验水冲压发动机结构示意图

(a) Ⅰ型　　　　　　　　　　　　　(b) Ⅱ型

图 4.3　试验水冲压发动机实物图

4.2.1.4　点火器设计

在水冲压发动机试验中采用烟火点火器,烟火点火器是指固体推进剂类似的含能化学成分作为点火药的点火器,如图 4.4 示。该点火器主要由点火药、药包和点火头组成,点火器通过表面粘贴方式安装于燃料药柱表面,试验过程中由测控系统输出电信号触发点火头引燃,点火药发生剧烈反应,瞬间释放高能量点燃燃料。点火药的主要成分为复合药、烟火剂和黑火药,各组分按照一定比例设计。在相同的点火药配方下,点火药的质量、点火压力峰与点

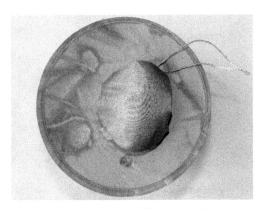

图 4.4　试验水冲压发动机点火药包

火能量之间互成正比。发动机试验前根据自由容积大小和燃料点火特性决定点火药质量。

4.2.1.5　燃料和喷嘴选取

如图 4.5 所示,在水冲压发动机试验中采用两种配方的镁基水反应金属燃料(50 型和 73 型),其主要组分为镁、高氯酸铵和丁羟。50 型水反应金属燃料镁含量为 50%,73 型水反应金属燃料镁含量为 73%。两种燃料具有不同的密度和燃速特性,燃料纯药药柱直径约为 110 mm,包覆层厚度约为 4 mm,每次试验采用的燃料药柱长度略有差异。

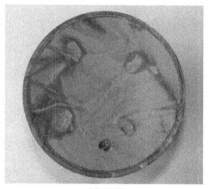

(a) 50型   (b) 73型

图 4.5   镁基水反应金属燃料(50 型和 73 型)

图 4.6   试验离心式喷嘴

水冲压发动机通过喷嘴对水流进行雾化,喷嘴的选取由发动机燃烧组织、燃烧室结构、总体允许的工作喷注压降等因素共同决定,在发动机试验中采用离心式喷嘴,如图 4.6 所示。通过试验对喷嘴雾化特性进行了测量,在喷注压降 0.8 MPa 时,水雾化后的平均粒径约为 100 μm,其中最大粒径约为 500 μm,最小粒径约为 20 μm。

4.2.2   水冲压发动机地面直连试验数据处理方法研究

4.2.2.1   发动机主要参数

在确定水冲压发动机基本构型后,必须进一步设计发动机具体的结构参数。水冲压发动机结构参数主要包括燃烧室直径和长径比、进水距离和角度、喷管喉径以及膨胀比等。本研究中以两次进水的水冲压发动机为对象,其进水距离包括一次进水距离 L_1 和二次进水距离 L_2,分别是指一次进水口和二次进水口到燃烧室燃料初始燃面的距离,L_3 是二次进水口到喷管入口横截面的距离,L_c 是燃烧室长度,定义为燃烧室初始燃面至喷管入口截面距离,如图 4.7 所示;进水角度是指喷嘴中心轴喷射方向与发动机主流流动相反方向的夹角。水冲压发动机燃烧室直径和长度受到鱼雷总体技术指标的限制,进水距离和角度必须满足发动机内部燃烧组织的需求,喷管喉径和膨胀比则由发动机设计工况决定。

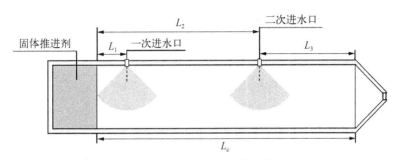

图 4.7 水冲压发动机燃烧室简图

水燃比是水冲压发动机的重要工作参数之一。本研究中水冲压发动机采用两次进水方式,其水燃比分为一次水燃比 α_1、二次水燃比 α_2 和总水燃比 α。一次水燃比和二次水燃比分别是指发动机一次进水流量和二次进水流量与燃料燃气流量之比,总水燃比为一次水燃比与二次水燃比之和。

$$\alpha = \frac{\dot{m}_w}{\dot{m}_f} = \alpha_1 + \alpha_2 \tag{4.1}$$

式中,$\dot{m}_w$、$\dot{m}_f$ 分别为总进水流量和燃料燃气流量。发动机工作过程中各水燃比的大小将直接影响到发动机性能,因此在工况设计过程中必须进行合理选择。

点火延时是描述水冲压发动机点火过程的特性参数,它的基本定义是:从点火器施加外部激励开始到确认燃料表面已点燃时所经历的时间。由于实际应用中判断点燃的标准不同,点火延时有多种不同的定义。在水冲压发动机试验研究中将点火延时定义为从向点火器通电到燃烧室达到平衡压强所需要的时间。在一定的点火药配方下,点火压力峰能够反应点火能量的大小,点火压力峰是指点火过程中由点火药引燃导致的燃烧室最高压强[151]。

推力是发动机内、外壁面所有作用力的轴向合力[153]。在水冲压发动机地面直连试验中,测量得到的直连推力计算式为

$$F = (\dot{m}_w + \dot{m}_f)\,v_e + (P_e - P_a)\,A_e \tag{4.2}$$

式中,v_e、P_e、A_e 是喷管出口气流速度、压强和面积;P_a 是地面环境压强。试验后,可根据试验工况推算水下航行推力。

比冲是衡量发动机性能参数的重要指标,它是指单位质量燃料的总冲。总冲在数值上等于推力对工作时间的积分。在水冲压发动机地面直连试验中,由直连推力计算得到的比冲为地面直连比冲,其计算式为

$$I_{sp} = \frac{F}{\dot{m}_f} = \frac{(\dot{m}_f + \dot{m}_w) \, v_e + (P_e - P_a) \, A_e}{\dot{m}_f} \tag{4.3}$$

本研究所使用的推力和比冲均为直连推力和直连比冲。

燃烧效率是评估发动机内部燃烧性能的重要参数,它是指发动机实际利用的热量与燃料理论反应热之比,用于度量发动机中燃料能量释放的效率。水冲压发动机工作过程中,组分间掺混不均匀、金属燃烧不完全、燃烧室壁面散热等现象都将导致燃烧效率降低、发动机性能下降。因此,准确评估发动机燃烧效率对发动机的性能研究尤为关键。在发动机实际工作中,对燃料反应热进行量化存在困难,同时高温复杂流场精确测温技术目前还不够完善和普及,而利用特征速度计算燃烧效率的方法在固体火箭冲压发动机研究中已得到广泛使用[152, 153],本研究在试验中同样采用特征速度效率来表征水冲压发动机燃烧过程的能量损失,燃烧效率 η_{c^*} 计算式为

$$c^* = \frac{P_c \cdot A_t}{\dot{m}_w + \dot{m}_f} \tag{4.4}$$

$$\eta_{c^*} = \frac{c^*}{c_{th}^*} \tag{4.5}$$

式中, c^*、c_{th}^* 分别是发动机特征速度的试验值和理论值[154]; A_t 是喷管喉部面积。

比冲效率是用于评估发动机整体性能的重要参数,它是发动机实际比冲与理论比冲之比

$$\eta_{I_{sp}} = \frac{I_{sp}}{I_{spth}} \tag{4.6}$$

式中,I_{spth} 为理论比冲。水冲压发动机工作过程中,金属与水在燃烧室中发生剧烈反应释放大量的热,热能经过喷管作用转化为动能最终产生发动机推力,比冲效率反映了发动机工作全过程的完善程度。本研究中比冲效率计算均采用直连比冲,其计算结果为直连比冲效率。

在水冲压发动机研究过程中,综合采用比冲、燃烧效率和比冲效率评估发动机性能。

4.2.2.2 发动机燃烧室压强与推力变化

水冲压发动机燃烧室压强是随时间变化的,图 4.8 是发动机工作全过程中

典型燃烧室压强-时间曲线。类似于固体火箭发动机内弹道学,可将这种典型的压强变化过程分为三个阶段。一是压强爬升段,发动机点火起动后,燃料开始燃烧,伴随着冲压水流的进入,燃烧室压强上升到平衡压强;二是稳定工作段,燃料燃气与水在燃烧室内稳定燃烧,压强保持平衡,直到燃烧结束;三是拖尾段,又称后效过程,此时燃烧已经结束,燃烧室内燃气迅速减少,压强迅速下降,直到与外界环境压强相等时,发动机排气停止。

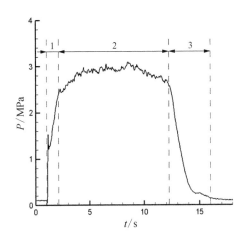

图 4.8　典型燃烧室压强-时间曲线
1:压强爬升段;2:稳定工作段;3:拖尾段

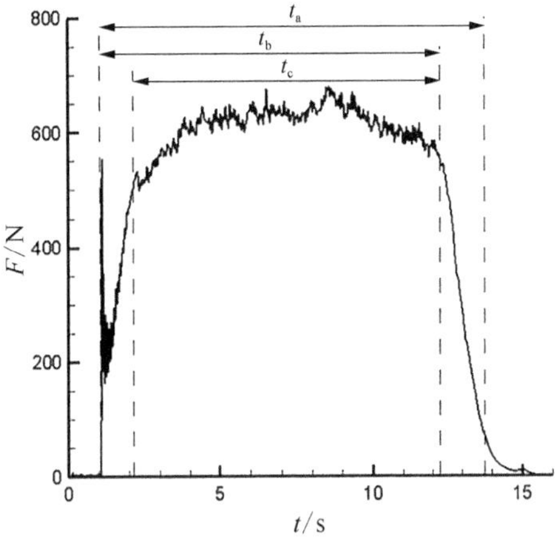

图 4.9　典型发动机推力-时间曲线

发动机推力与燃烧室压强有着相同的变化趋势,图 4.9 是发动机工作全过程中推力随时间变化的典型曲线。根据发动机燃烧室压强的变化过程,可定义发动机工作全过程的几个特征时间。

发动机工作时间 t_a 包括其产生推力的全过程:从点火启动、冲压水进入燃烧室、发动机产生推力直至推力下降到零为止。由于推力曲线离开零点开始升高以及回到零点的时间不容易准确确定,因此在实际操作中,本研究沿用固体火箭发动机中的统一标准,以发动机推力上升到 10%最大推力(或压强)的时刻为起点,并以发动机熄火后推力下降到 10%最大推力(或压强)的时刻为终点,这两点之间的时间间隔为工作时间。

燃料燃烧时间 t_b 是指从发动机点火、燃料开始燃烧到其烧尽所经过的时间,它不包括拖尾段,因此比发动机的工作时间短。同样沿用固体火箭发动机中的惯用方法,燃烧时间与工作时间选择同一起点,而终点选择则是在稳定工作段后部和拖尾段前部各作一条切线,两切线夹角的角等分线与推力-时间曲线的交点即作为燃烧时间的终点。

发动机稳定工作段时间 t_c 是指发动机燃烧达到稳定、燃烧室压强达到平衡压强,到燃烧结束的时间。稳定工作段时间的起点选择是以压强爬升段后部和稳定工作段前部各作一条切线,两切线夹角的角等分线与推力-时间曲线的交点即作为起点,稳定工作段时间终点与燃料燃烧时间的终点选择相同。

4.2.2.3　数据处理时间段的选取

本节以不同工况下的两次发动机地面直连试验为例,对基于三个时间段的数据处理结果进行对比分析,以确认更能准确反映实际发动机性能的数据处理方法。试验均采用Ⅱ型发动机,图 4.10 和图 4.11 是 10－73－02 号和 10－73－03 号试验的燃烧室压强-时间和推力-时间曲线。

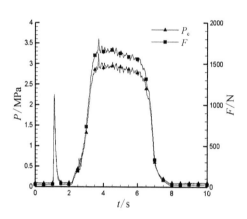

图 4.10　10－73－02 号试验燃烧室压强-时间和推力-时间曲线

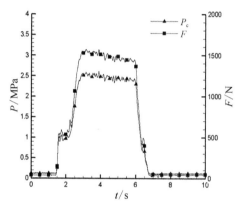

图 4.11　10－73－03 号试验燃烧室压强-时间和推力-时间曲线

表 4.2 是两次试验不同时间段的数据处理结果。如表中所示,虽然采取不同的时间段,但数据处理结果显示发动机性能参数有着相同的变化趋势。发动机工况改变后,10－73－03 号相比于 10－73－02 号试验比冲、燃烧效率和比冲效率都有明显提高,发动机性能得到改进。

表 4.2　不同时间段试验数据处理结果

	按工作时间处理		
编　　号	$I_{sp}/(N \cdot s/kg)$	η_{c^*}	$\eta_{I_{sp}}$
10－73－02	3 470.500 0	0.747 4	0.678 7
10－73－03	3 924.376 2	0.878 3	0.767 8

（续表）

按燃烧时间处理			
编　号	$I_{sp}/(\text{N}\cdot\text{s}/\text{kg})$	η_{c^*}	$\eta_{I_{sp}}$
10 - 73 - 02	3 182.28	0.709 0	0.644 1
10 - 73 - 03	3 667.85	0.819 7	0.715 5
按稳定工作段时间处理			
编　号	$I_{sp}/(\text{N}\cdot\text{s}/\text{kg})$	η_{c^*}	$\eta_{I_{sp}}$
10 - 73 - 02	3 576.27	0.823 0	0.750 1
10 - 73 - 03	3 968.87	0.889 9	0.777 2

　　两次试验的数据结果中,按稳定工作段时间处理得到的性能参数值最高,而按燃烧时间处理得到的参数值最小。这是由于相比于单独处理稳定工作段过程,数据处理中压强爬升段或拖尾段过程的加入都会引起平均推力、平均压强及平均燃气流量的改变,导致性能参数值的降低。在工程应用中,发动机长时间工作(通常在 100 s 左右),且大部分时间处于稳定工作段,此时由于压强爬升段和拖尾段所占时间比例很小,对全部工作时间与稳定工作段的数据处理结果相差较小;然而,在试验研究阶段,发动机工作时间短(通常为 10 s 左右),数据处理中加入压强爬升段和拖尾段(通常为 3~5 s)将影响对发动机工作性能的准确评估。因此,在试验研究中将统一采用基于稳定工作段时间的数据处理方法进行分析。

4.3　水冲压发动机内部燃烧流动数值计算模型

　　水冲压发动机内部燃烧流动属于多相湍流燃烧过程,它包括水的雾化与蒸发、燃料的燃烧、燃气流与水的掺混及流动、镁/水燃烧等物理化学过程。本节对水冲压发动机内部各子过程的主要模型和方程进行介绍,并在第 2 章镁颗粒着火与燃烧过程研究的基础上,建立镁滴着火与燃烧模型[155]。

4.3.1　气相控制方程

　　采用包含组分输运和化学反应的三维定常黏性可压缩流 N - S 方程组对水冲压发动机内部气体流动和燃烧过程进行数值模拟,并对物理过程做出如下假设：

（1）流动过程保持热力学平衡；

（2）忽略辐射和质量力的影响；

（3）质量扩散采用双组元气体模型；

（4）不考虑颗粒的体积分数和压力贡献；

（5）颗粒没有转动、颗粒间不发生碰撞且颗粒间没有质量传递[156,157]。

守恒形式的控制方程如下[152-154]：

$$\frac{\partial U}{\partial t} + \frac{\partial E}{\partial x} + \frac{\partial F}{\partial y} + \frac{\partial G}{\partial z} = \frac{\partial E_v}{\partial x} + \frac{\partial F_v}{\partial y} + \frac{\partial G_v}{\partial z} + H \tag{4.7}$$

其中，

$$U = (\rho, \rho u, \rho v, \rho w, e_t, \rho Y_k)^T$$

$$E = (\rho u, \rho u^2 + P, \rho uv, \rho uw, u(e_t + P), \rho u Y_k)^T$$

$$F = (\rho v, \rho vu, \rho v^2 + P, \rho vw, v(e_t + P), \rho v Y_k)^T$$

$$G = (\rho w, \rho wu, \rho wv, \rho w^2 + P, w(e_t + P), \rho w Y_k)^T$$

$$E_v = \left(0, \tau_{xx}, \tau_{xy}, \tau_{xz}, u\tau_{xx} + v\tau_{xy} + w\tau_{xz} + q_x, \rho D_k \frac{\partial Y_k}{\partial x}\right)^T$$

$$F_v = \left(0, \tau_{yx}, \tau_{yy}, \tau_{yz}, u\tau_{yx} + v\tau_{yy} + w\tau_{yz} + q_y, \rho D_k \frac{\partial Y_k}{\partial y}\right)^T$$

$$G_v = \left(0, \tau_{zx}, \tau_{zy}, \tau_{zz}, u\tau_{zx} + v\tau_{zy} + w\tau_{zz} + q_z, \rho D_k \frac{\partial Y_k}{\partial z}\right)^T$$

$$H = (S_{d,m}, S_{d,u}, S_{d,v}, S_{d,w}, S_{d,h}, w_k)^T$$

式中，ρ 是气体密度；u、v、w 是沿坐标轴 x、y、z 方向的速度分量；P 是压强；组分指数 $k = 1, 2, \cdots, N_s - 1$，$N_s$ 是总的组分数；Y_k 是组分 k 的质量分数；$S_{d,m}$、$S_{d,u}$、$S_{d,v}$、$S_{d,w}$、$S_{d,h}$ 是气相和离散相间相互作用及化学反应产生的源相；w_k 是组分 k 的质量生成率。

黏性应力张量 τ_{ij} 为

$$
\begin{array}{ll}
\tau_{xx} = -\dfrac{2}{3}\mu(\nabla \cdot V) + 2\mu\dfrac{\partial u}{\partial x} & \tau_{yy} = -\dfrac{2}{3}\mu(\nabla \cdot V) + 2\mu\dfrac{\partial v}{\partial y} \\[3mm]
\tau_{zz} = -\dfrac{2}{3}\mu(\nabla \cdot V) + 2\mu\dfrac{\partial w}{\partial z} & \tau_{xy} = \tau_{yx} = \mu\left(\dfrac{\partial u}{\partial y} + \dfrac{\partial v}{\partial x}\right) \\[3mm]
\tau_{yz} = \tau_{zy} = \mu\left(\dfrac{\partial v}{\partial z} + \dfrac{\partial w}{\partial y}\right) & \tau_{xz} = \tau_{zx} = \mu\left(\dfrac{\partial u}{\partial z} + \dfrac{\partial w}{\partial x}\right)
\end{array}
\tag{4.8}
$$

式中,μ 是黏性系数;V 是速度。

q_x、q_y、q_z 表示热传导与组分扩散引起的能量通量:

$$q_x = \lambda \frac{\partial T}{\partial x} + \rho \sum_{k=1}^{N_s} D_k h_k \frac{\partial Y_k}{\partial x}$$

$$q_y = \lambda \frac{\partial T}{\partial y} + \rho \sum_{k=1}^{N_s} D_k h_k \frac{\partial Y_k}{\partial y} \tag{4.9}$$

$$q_z = \lambda \frac{\partial T}{\partial z} + \rho \sum_{k=1}^{N_s} D_k h_k \frac{\partial Y_k}{\partial z}$$

式中,λ 是导热系数;T 是温度;D_k 是组分 k 的扩散系数;h_k 是组分 k 的比焓。

单位体积的总能量为

$$e_t = \sum_{k=1}^{N_s} \rho Y_k h_k + \frac{1}{2}\rho(u^2 + v^2 + w^2) - P \tag{4.10}$$

通过完全气体状态方程实现气体控制方程的封闭:

$$P = \sum_{k=1}^{N_s} \rho Y_k R_k T \tag{4.11}$$

式中,R_k 是组分 k 的气体常数。

组分 k 的比焓为

$$h_k = \int_{T_0}^{T} c_{p,k} \mathrm{d}T + h_k^0 \tag{4.12}$$

式中,组分 k 的比定压热容 $c_{p,k}$ 可采用多项式公式拟合[155];h_k^0 为在参考温度 T_0 下组分 k 的生成焓。

4.3.2　湍流模型

水冲压发动机工作过程中,燃烧室内多相流动伴随着剧烈的掺混和燃烧过程,流动区域出现有大尺度回流区和流动再附,整个过程为湍流运动[158,159]。湍流运动极不规则,也不稳定,每一点的速度随时间和空间随机变化,流动中存在大量不同尺度的旋涡,增强了流动过程动量、能量及不同组分间的混合与扩散,从而影响流动中不同组分间的化学反应速率。同时,反应释放的热量也将反作用于湍流,改变流动性质,湍流与燃烧的相互耦合进一步增加了对发动机内流动燃烧特性进行数值模拟分析的难度。

目前对湍流运动的数值模拟方法可分为三类[130]：一是采用非定常 N – S 方程组对湍流进行计算的直接数值模拟方法（direct Navier – Stokes simulation，DNS）；二是采用非定常 N – S 方程组直接求解大涡运动，小涡运动采用近似模型求解的大涡模拟方法（large eddy simulation，LES）；三是采用雷诺平均 N – S 方程组的湍流模型方法（Reynolds-averaged Navier-Stokes equations simulation，RANS）。

采用 DNS 方法对湍流瞬时运动进行直接数值模拟是最为准确的方法，其误差只来自数值离散过程，然而由于它计算量巨大，目前的计算能力只能满足一些低雷诺数下简单流动的计算需要。大涡模拟方法虽舍弃了对小涡的直接计算，但仍需要大量计算资源，现常用于改进其他近似湍流模型的比较性研究，还不能用作大规模湍流计算的通用工具。采用基于雷诺平均 N – S 方程组的 RANS 模型是目前研究湍流运动最为通用和有效的方法，它具体包括零方程模型（混合长度模型）、单方程模型、双方程模型（$k – \varepsilon$ 模型、$k – \omega$ 模型）和雷诺应力模型等。基于 RANS 方法的前三类模型都是建立在湍流黏性系数模型的前提下，该模型由 Boussinesq 在 1877 年提出，针对简单剪切流动建立了雷诺应力与平均流场速度变形率的关系，见式（4.15）。雷诺应力模型避免了 Boussinesq 假设的局限性，直接建立雷诺应力的输运方程，可应用于较为复杂流动的湍流计算，但同时也相应增加了计算成本[160]。

Stowe 等[161]针对固体冲压发动机内流场模拟采用不同湍流模型进行了比较分析，而水冲压发动机燃烧室内同样存在类似的射流、回流及旋涡等复杂流动现象，本研究从计算的精度和经济性考虑，采用 RNG 形式 $k – \varepsilon$ 模型对湍流流动进行模拟。$k – \varepsilon$ 模型由 Jones 和 Launder 于 1972 年首先提出，模型中，k 方程的建立是以 N – S 输运方程形式为原型，而 ε 方程依据模型的不同变种而具有不同形式。标准形式 $k – \varepsilon$ 模型作为最简单的完整湍流模型，具有较强的鲁棒性，广泛应用于简单湍流运动计算或复杂湍流运动初始化计算。RNG 形式 $k – \varepsilon$ 模型通过对 ε 方程的改进，使模型具备处理较强拉伸流动的能力，可应用于较复杂剪切流场的湍流计算。该湍流模型首先由 Yakhot 等基于不可压流湍流模拟的考虑而提出，Han 和 Reitz 将其修改并应用于可压缩流的湍流计算[162]。

式（4.7）中连续性方程和动量方程的雷诺平均形式为[163]

$$\frac{\partial \rho}{\partial t} + \frac{\partial}{\partial x_j} \rho \, \bar{u}_j = 0 \qquad (4.13)$$

$$\frac{\partial \rho \, \overline{u}_i}{\partial t} + \frac{\partial}{\partial x_j}(\rho \, \overline{u}_i \, \overline{u}_j) = \frac{\partial \overline{p}}{\partial x_i} + \frac{\partial}{\partial x_j} \overline{\tau}_{fi} - \frac{\partial}{\partial x_j}(\rho \, \overline{u'_i \, u'_j}) + \overline{S}_{d,i} \tag{4.14}$$

式中，$- \rho \, \overline{u'_i \, u'_j}$ 称为雷诺应力。由于动量方程中雷诺应力项的加入，必须引入湍流模型使方程封闭，以下是湍流黏性系数模型：

$$- \rho \, \overline{u'_i \, u'_j} = \mu_t \left(\frac{\partial \overline{u}_i}{\partial x_j} + \frac{\partial \overline{u}_j}{\partial x_i} \right) - \frac{2}{3} \rho \delta_{ij} k \tag{4.15}$$

式中，μ_t 为湍流黏性系数；k 为湍动能；δ_{ij} 为 Kronecker 符号。

湍流黏性系数可表示为

$$\mu_t = \rho C_\mu \frac{k^2}{\varepsilon} \tag{4.16}$$

式中，C_μ 为无量纲系数；ε 为湍动能耗散率。

RNG 形式 $k - \varepsilon$ 模型方程为[163,164]

$$\rho \frac{\mathrm{D}k}{\mathrm{D}t} = P - \rho \varepsilon + \frac{\partial}{\partial x_i} \left(\alpha_k \mu \frac{\partial k}{\partial x_i} \right) \tag{4.17}$$

$$\rho \frac{\mathrm{D}\varepsilon}{\mathrm{D}t} = \frac{\varepsilon}{k}(C_{\varepsilon 1} P - C_{\varepsilon 2} \rho \varepsilon) - \rho R + C_{\varepsilon 3} \rho \varepsilon \frac{\partial u_j}{\partial x_j} + \frac{\partial}{\partial x_i} \left(\mu \, \alpha_\varepsilon \frac{\partial \varepsilon}{\partial x_i} \right) \tag{4.18}$$

式中，

$$P = 2 C_\mu \rho \frac{k^2}{\varepsilon} \left[S_{ij} S_{ij} - \frac{1}{3} \left(\frac{\partial u_j}{\partial x_j} \right)^2 \right] - \frac{2}{3} \rho k \frac{\partial u_j}{\partial x_j}$$

$$R = \frac{C_\mu \eta^3 \left(1 - \dfrac{\eta}{\eta_0} \right)}{1 + \beta \eta^3} \frac{\varepsilon^2}{k}$$

$$C_{\varepsilon 1} = 1.42$$

$$C_{\varepsilon 3} = 1.68$$

$$C_{\varepsilon 3} = \frac{-1 + 2 C_{\varepsilon 1} - 3 m_1 (n_1 - 1) + (-1)^\delta \sqrt{6} C_\mu C_\eta \eta}{3}$$

$$C_\eta = \frac{\eta \left(1 - \dfrac{\eta}{\eta_0} \right)}{1 + \beta \eta^3}$$

$$\eta = \frac{Sk}{\varepsilon}$$

$$S = (2S_{ij}S_{ij})^{1/2}$$

拉伸率张量：

$$S_{ij} = \frac{1}{2}\left(\frac{\partial u_i}{\partial x_j} + \frac{\partial u_j}{\partial x_i}\right) \tag{4.19}$$

$$\frac{\partial u_j}{\partial x_j} > 0 \text{ 时}, \delta = 0$$

$$C_{\mu} = 0.083\ 7$$

$$\alpha_k = \alpha_{\varepsilon} = 1.39$$

相比标准 $k-\varepsilon$ 模型，RNG 形式 $k-\varepsilon$ 模型方程中的 k 方程保持不变，k 方程等式右边第一项表示湍动能生成率，第二项表示湍动能耗散率，最后一项表示湍动能扩散率。ε 方程中增加了 R 项，R 值在轻微拉伸的湍流运动中较小，当流体微元形变较大时，R 值相应增大。Choudhury 等通过分析 R 值随平均流拉伸率变化的规律得出结论，R 项的加入有利于改进模型对分离流等复杂流动的处理。

4.3.3　近壁面函数

壁面效应是产生旋涡和湍流的来源之一，它很大程度上影响了流动过程的湍流运动特性，因此，近壁面区域流动建模对于整个湍流数值模拟的准确性至关重要。近壁面区域流动具有不同于主流（远离壁面区域的流动）的特点[165]。在靠近壁面方向上，平均流速度逐步趋近于零，剪切率增大，湍流雷诺数（Re_L）降低，速度切向脉动在黏性耗散作用下将逐步减弱，法向脉动由于壁面的阻挡逐渐减小。在远离壁面方向，随着平均流速度梯度的增大湍流强度也将增加。大量实验研究表明，近壁面区域大致可以分为三层，图 4.12 是近壁面区域分层示意图。最靠近壁面为黏性底层，其间流动主要呈层流特性，黏性力作用在质量、动量和热输运过程中占主导地位；最外层为完全湍流层，也称对数法则层，湍流发挥主要作用；夹在中间为过渡层，这时，黏性力与湍流共同对流动产生影响[166]。

由于近壁面区域流动所具有的不同特性，在处理近壁面区域湍流计算时，不能简单地应用主流所使用的湍流模型。目前，近壁面区域的湍流计算主要有两种方法：一是应用修改或补充后的主流湍流模型，但由于计算域中黏性底层相

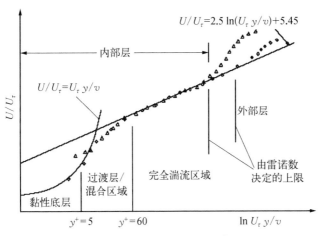

图 4.12　近壁面区域分层示意图

对于主流区域通常非常薄,这一方法将增加数值计算过程中网格划分难度和计算成本。另一种是采用半经验公式,即壁面函数法,该方法首先由 Launder 和 Spalding 于 1972 年提出,通过直接建立完全湍流层流动速度与到壁面距离的关系,避免了对黏性底层进行直接计算,能够一定程度上节约计算资源,提高计算的稳定性。

在高雷诺数零压强梯度(即壁面剪切应力在流动方向上保持常数)的边界层内,完全湍流层流动满足以下对数关系:

$$u^+ = \frac{\overline{v_t}}{u_\tau} = \frac{1}{\kappa}\ln y^+ + B \tag{4.20}$$

式中,

$$u_\tau = \sqrt{|\tau_w|/\rho}$$

$$\tau_w = \mu\frac{\partial u}{\partial y}\bigg|_{y=0}$$

$$y^+ = \frac{\rho u_\tau y}{\mu}$$

式中,$\overline{v_t}$ 是平均流平行于壁面方向的分速度;u_τ 是剪切速度;τ_w 是壁面剪切应力;κ 是冯·卡门常数($\kappa = 0.41$);B 是表征黏性底层厚度的经验常数(对于光滑平板上的边界层,$B \approx 5.5$;对于粗糙壁面,B 的取值趋向于更小);y^+ 是无量纲化后的距壁面距离,但它具有雷诺数的表达形式,可用于判断当地黏性与湍流各自作用于流动的程度。通常,$y^+ < 5$ 时流动处于黏性底层,$y^+ > 30$ 时为完全湍流层。

另外,在高雷诺数、零压强梯度的流动中完全湍流层可近似为平衡状态,即湍动能的生成率等于耗散率($P = \varepsilon$)。平衡流假设下的壁面函数称为标准壁面函数,该方法通过 $k - \varepsilon$ 模型方程中的 k 方程[如式(4.17)],求解离散节点处的湍动能 k,联合 ε 方程[如式(4.18)],求解剪切速度:

$$u_r = C_\mu^{1/4} \sqrt{k} \tag{4.21}$$

$$\varepsilon = \frac{u_\tau^3}{\kappa y} \tag{4.22}$$

数值模拟过程中,将计算域靠近壁面的第一个网格节点选在完全湍流层($30 < y^+ < 300$),通过式(4.20)、式(4.21)可直接求解该点的流动速度。根据相似理论,同样可以在近壁面区域建立温度场和组分浓度场的对数关系式,求解第一个网格节点的温度和组分浓度。近壁节点的湍动能耗散率 ε 通过平衡流假设下的式(4.22)求解。

以上计算方法是建立在零压强梯度和平衡流的假设条件下,当流动中出现分离流等复杂流动现象时,这一假设将不再合理。于是,Kim 和 Choudhury 在1995 年提出了针对近壁面区域的非平衡流壁面函数,其速度对数关系式考虑了压强梯度的影响,并且分别建立了近壁面区域黏性底层和完全湍流层湍动能生成率和耗散率的经验计算式,而温度和组分浓度仍采用与标准壁面函数相同的计算方法。相对于标准形式,非平衡流壁面函数更适合于处理存在剧烈压强梯度变化的复杂流动,如近壁区域出现分离、吸附和碰撞等现象的流动。水冲压发动机工作过程中,冲压水流持续从外界引入燃烧室,流场中存在大尺度涡旋、射流碰撞等复杂流动现象,所以,研究中采用非平衡流壁面函数进行近壁面流动计算。

4.3.4　气相湍流燃烧模型

水冲压发动机燃烧室中的流动燃烧过程属于湍流燃烧。在处理湍流燃烧问题时,Libby 和 Williams 在 1981 年提出将其人为地分解为湍流流动和化学反应两个方面来讨论的方法。而在实际流动过程中,这两方面作用是通过各自对流体属性诸如流体密度、温度和压强变化的影响而相互紧密耦合在一起的。例如,湍流作用有利于反应流的热传递及不同组分的掺混,通常能够提高组分间的平均化学反应速率;同时,燃烧释放的热量又将放大流动中扰动因素的影响,加速层流向湍流的转捩。在发动机设计中,通过有效利用湍流与燃烧的相互促进作用,加速反应流的充分燃烧,可降低对燃烧室尺寸长度设计的要求,使发动机结构更为紧凑。而在对发动机内流场的数值分析过程中,也必须充分考虑这种耦合作用所带来的影响,建立湍流与化学反应相互作用的关系。

根据反应物的初始混合状态,可将燃烧问题划分为预混燃烧和非预混燃烧两个范畴,水冲压发动机燃烧室内镁/水蒸气的燃烧属于非预混燃烧。对非预混燃烧范畴下湍流燃烧的数值建模,主要存在以下两类方法:一是建立控制化学反应速率的通用有限速率模型的方法,其中包括层流有限速率模型、Eddy – Breakup 模型、Eddy – Dissipation 模型和 Eddy – Dissipation Concept 模型等;二是采用概率密度函数(probability density function,PDF)的方法,其中包括非预混燃烧模型和组分概率密度输运燃烧模型等。

层流有限速率模型忽略湍流作用对化学反应的影响,认为各组分掺混过程只由分子扩散控制,同时燃烧过程由化学反应动力学控制,采用 Arrhenius 定律计算化学反应速率。该模型对湍流燃烧过程过度简化,通常只用于非常粗略的初步计算。

Eddy – Breakup(EBU)模型用于由掺混速率控制化学反应的湍流燃烧建模。该模型首先由 Spalding 于 1971 年提出,模型假设化学反应动力学时间尺度远远小于掺混时间尺度。根据湍流能量级串理论,湍流中能量的耗散过程是通过其在流动中大涡向小涡迁移并最终转化成热量的形式完成的,据此,Spalding 采用湍流时间尺度 k/ε 描述湍流燃烧速率,模型中化学反应的基本形式为

$$w_k = C_{\text{EBU}} \rho Y_k^{\text{rms}} \frac{\varepsilon}{k} \tag{4.23}$$

式中,w_k 为组分 k 的质量生成率;C_{EBU} 是经验常数;Y_k^{rms} 是瞬时组分 k 质量分数均方根。当反应流中出现湍流,即 $k/\varepsilon > 0$ 时,表示燃烧正在进行,燃烧速率与湍流时间尺度成反比。

Eddy – Dissipation 模型(EDM)是 EBU 模型的变种,由 Magnussen 和 Hjertager 于 1976 年为使模型进一步适用于非预混燃烧而提出。模型采用与 EBU 模型相同的方式处理化学反应源相,燃料和氧化剂从不同方向分别进入反应区,并各自分布于不同的湍流旋涡中,在黏性作用下,湍流旋涡逐渐破裂为分

子级尺度,各组分在分子级层面逐步混合,化学反应开始进行。因此,各组分的掺混速率与旋涡的耗散速率相同。如式(4.23),湍流的耗散速率可以通过反应物平均浓度来表示。与 EBU 模型不同,EDM 模型考虑反应物浓度大小对反应速率的影响。当反应物为富氧燃烧时,燃料所在的湍流旋涡耗散速率控制化学反应速率;当反应物为富燃燃烧时,氧化剂所在的湍流旋涡耗散速率控制化学反应速率。EBU 和 EDM 模型完全忽略了化学反应动力学对燃烧速率的影响,认为化学动力学速率为无限大,虽然这一定程度上减小了模型准确度,但对于掺混速率控制的非预混燃烧而言,也能够避免对湍流燃烧流动的内部化学反应机理的建模,为数值计算带来了便利。

在 EBU 模型的基础上,Magnussen 和 Hjertager 同样提出了 Eddy - Dissipation Concept(EDC)模型。该模型根据湍流结构的不同,在流体内部划分出精细结构单元,综合考虑湍流和化学反应动力学两方面作用对燃烧的影响。EDC 模型将各精细结构单元看作常压反应器,其内部充满各向同性的均匀混合物,组分间化学反应都发生在这些结构单元内,且反应速率由化学动力学控制,结构单元内外存在质量交换。在各精细结构单元周围的流动区域,不发生化学反应,各组分流动属于湍流掺混过程。精细结构单元常位于旋涡间高度拉伸变形的流体区域,其所占整个流动区域的体积分数 ξ^{*3} 为

$$\xi^{*3} = C_\xi^3 \left(\frac{\nu\varepsilon}{k^2}\right)^{3/4} \tag{4.24}$$

式中,ξ^* 是长度分数;$C_\xi = 2.137\,7$ 为体积分数常数;ν 是运动学黏性系数。化学反应过程的时间尺度为 τ^* 为

$$\tau^* = C_\tau \left(\frac{\nu}{\varepsilon}\right)^{1/2} \tag{4.25}$$

式中,时间尺度常数 $C_\tau = 0.402\,8$。在时间尺度 τ^* 内,精细结构单元内的化学反应采用 Arrhenius 定律控制,于是得到整个流动平均化学反应速率

$$R_k = \frac{\rho\,(\xi^*)^2}{\tau^*\left[1 - (\xi^*)^3\right]}(Y_k^* - Y_k) \tag{4.26}$$

式中,Y_k^* 是时间 τ^* 后精细结构单元内组分 k 的质量分数。以上各模型对化学反应过程的讨论都是建立在雷诺平均流场的基础上,而实际化学反应主要由发生在流动微元结构中的具体物理过程决定。

由于湍流脉动的影响,湍流燃烧的化学反应源相具有高度的非线性,在数值计算中使用有限平均化学反应速率对湍流燃烧进行建模将存在一定的局限性。非预混燃烧模型中引入了守恒量混合物分数 f,它是入口边界处燃料所含各物质元素所占混合物总质量的比重。在化学反应前后混合物分数 f 保持不变,于是其输运方程中不会出现化学反应动力学源相,燃烧过程简化为对掺混过程的求解,避免了直接对非线性平均反应速率建模。Favre 平均质量分数输运方程为

$$\frac{\partial}{\partial t}(\rho \bar{f}) + \nabla \cdot (\rho v \bar{f}) = \nabla \cdot \left(\frac{\mu_t}{\sigma_t} \nabla \bar{f}\right) + S_m + S_n \tag{4.27}$$

式中,平均混合物分数 $\bar{f} = \int_0^1 f P(f) \mathrm{d}f$;湍流黏性系数 μ_t 由湍流模型计算得出;σ_t 是经验常数;S_m 是由离散相蒸发或化学反应引起的元素质量变迁;S_n 为其他因素引入的源相。另外,非预混燃烧模型通过假定形状的概率密度函数描述湍流作用下混合物分数 f 瞬时值随时间变化的分布规律,以此建立湍流与燃烧之间的耦合关系。一旦各组分混合,可根据实际应用环境中化学反应状态选用不同模型。当反应为平衡状态,采用平衡模型,由混合物分数计算当前反应物当量比平衡状态下产物组分、密度和温度;当反应处于近平衡状态,采用定常火焰层模型该模型认为燃烧过程集中发生在一系列的火焰层中,从空间结构上将湍流流动与燃烧化学反应分别讨论;当反应远未达到平衡,采用非定常火焰层模型。与EBU 模型类似,非预混燃烧模型同样不需要对流动内部的化学反应机理直接建模,这对于包含复杂多重化学反应的湍流燃烧极具意义。

组分概率密度输运燃烧模型用于模拟化学反应动力学控制的湍流燃烧流。与雷诺平均 N-S 方程方法不同,该模型不再求解其组分方程和能量方程,而是建立联合概率密度函数的输运方程,计算流场中每一节点的温度和各组分在时间轴上的概率分布,通过此概率分布函数,建立湍流与燃烧之间的耦合关系。对化学反应动力学的建模,采用 CHEMKIN 格式或 Arrhenius 定律描述燃烧流的化学反应机理。在含有 N 种组分的反应流中,联合概率密度函数是包含各组分和温度的 $N+1$ 维向量。对多维向量输运方程的求解,由于计算花费巨大,通常不采用有限差分或有限体积法,而选择使用相对经济的蒙特卡罗法。

水冲压发动机工作过程中,镁金属蒸气与水蒸气在燃烧室高温高压的环境下发生剧烈燃烧,燃烧过程伴随多种复杂物理化学变化,如颗粒的雾化、蒸发、碰撞与破碎,各组分的扩散与混合,流动中的大尺度涡旋和回流等。根据第 2 章中对水蒸气中镁颗粒着火与燃烧过程的研究,镁/水燃烧属于扩散控制的气相燃

烧,同时考虑计算的经济性,研究中采用 EDM 模型对水冲压发动机内的气相湍流燃烧进行模拟[167-170]。

4.3.5　颗粒轨道模型

水冲压发动机工作过程中,燃料产生的富燃燃气流与水蒸气在燃烧室内发生剧烈燃烧,发动机内流动为含有多种尺寸组颗粒群的多相流动(镁滴、水滴和气相燃气等)。对于两相或多相流动的研究目前主要有两类方法:一类是把流体作为连续介质而把颗粒群作为离散体系,探讨颗粒动力学、颗粒轨道等,对离散体系采用拉格朗日坐标系,而对气体采用欧拉坐标系,采取此类方法的模型有单颗粒动力学模型、颗粒轨道模型等;另一类是除流体作为连续介质外把颗粒群当作拟连续介质或拟流体,设其在空间有连续的速度和温度分布及等价的输运性质(黏性、扩散、导热等),对颗粒相、气相皆采用欧拉坐标系,相应产生的模型有小滑移模型、无滑移模型和拟流体模型等[171-176]。

不同模型的适用范围大致取决于颗粒相相对浓度(如体积分数或质量载荷比)及流体的斯托克斯数。在稀疏流中,颗粒相相对浓度较大,颗粒运动主要由颗粒体积力和表面受力控制;在稠密流中,颗粒相相对浓度较小,颗粒运动主要由颗粒间的碰撞和相互作用所决定。在具体问题讨论中,并没有绝对的稀疏流或稠密流,而是选择对物理现象更具代表性的范围。斯托克斯数是两相或多相流动中一个重要的尺度参数,其大小等于颗粒响应时间 τ_R 与连续相运动特征时间 τ_F 之比,即

$$St = \frac{\tau_R}{\tau_F} = \frac{\rho_p d_p^2 U}{18\mu L} \tag{4.28}$$

其中,ρ_p、d_p 分别是颗粒相密度和直径;μ、U、L 分别是连续相黏性系数、特征速度和特征尺度。当斯托克斯数很小时($St \ll 1$),颗粒相与连续相速度近似平衡,流动称为平衡流;当斯托克斯数很大时($St \gg 1$),颗粒相运动基本不受连续相的影响,流动称为冻结流。如选取与湍流相关的连续相特征时间,斯托克斯数则可表征颗粒相运动与连续相流体湍流运动的关系。一般而言,单颗粒动力学模型和颗粒轨道模型更适用于颗粒相相对浓度较小(体积分数通常小于 10%~12%),斯托克斯数较大的流动;小滑移模型、无滑移模型和拟流体模型更适用于斯托克斯数较小的流动。水冲压发动机中颗粒相的体积分数较小,斯托克斯数较大,因此,研究中选用颗粒轨道模型进行水冲压发动机内的离散相模拟。

颗粒轨道模型完整地考虑颗粒与流体间的相互作用,模型中假设:① 颗粒相与连续相间存在滑移;② 初始的确定轨道模型不考虑颗粒的湍流扩散、黏性及导热;③ 颗粒按初始尺寸分布分组,各组只有其自身的质量变化,互不相干,相同尺寸组的颗粒在尺寸不断减小的过程中任何时刻都具有相同的速度及温度;④ 各组颗粒由一定的初始位置出发沿各自的轨道运动(一组颗粒沿同一轨道运动),沿轨道可追踪颗粒的质量、温度及速度的变化;⑤ 颗粒作用于流体的质量、动量及能量源或者按等价地散布于流体单元内来考察[177,178]。

在拉格朗日坐标系中,通过颗粒表面受力平衡分析得到颗粒相轨道方程:

$$\frac{\mathrm{d}x_p}{\mathrm{d}t} = u_p \tag{4.29}$$

$$\frac{\mathrm{d}u_p}{\mathrm{d}t} = F_D(u - u_p) + \frac{g_x(\rho_p - \rho)}{\rho_p} + F_x \tag{4.30}$$

式中,x_p、u_p 分别是颗粒位移和速度;u、ρ 分别是连续相流体速度;$F_D(u - u_p)$ 是单位质量颗粒所受的阻力;F_x 为单位质量颗粒所受其他外力,包括 Stefan 流、压力梯度引起的作用力和其他体积力。 研究中将主要考虑阻力对颗粒轨迹的影响,而忽略其他外力的作用。

$$F_D = \frac{18\mu}{\rho_p d_p^2} \frac{C_D Re}{24} \tag{4.31}$$

式中,C_D 是阻力系数,采用由 Morsi 和 Alexander 提出的经验表达式:

$$C_D = a_1 + \frac{a_2}{Re} + \frac{a_3}{Re^2} \tag{4.32}$$

式中,a_1、a_2、a_3 是经验常数。

以上计算得到的颗粒相确定轨道,尚未考虑湍流作用对颗粒轨道的影响,在多相流动中,湍流引起的速度脉动将改变当地颗粒群的分布。研究中采用随机轨道跟踪的方法建立湍流与颗粒轨道的关系,在对式(4.29)、式(4.30)积分求解颗粒轨道过程中,采用包含脉动相的瞬时值表征连续相流体速度:

$$u = \bar{u} + u' \tag{4.33}$$

式中,$\bar{u}$、u' 分别是连续相平均速度和脉动速度。通过一定次数的随机轨道尝试,湍流的随机效应对颗粒分布的影响得以体现。

颗粒在连续相中运动过程中,颗粒相与离散相之间发生质量、动量和热量交换。颗粒轨道方程式(4.29)考虑了连续相对颗粒相的影响,而颗粒相对连续相的作用,将通过质量、动量和热量源相的形式添加到颗粒所经过的连续相控制微元中,以实现颗粒相与连续相的双向耦合,图 4.13 是颗粒相与连续相耦合过程示意图。对于颗粒随机轨道跟踪,模型首先计算同一颗粒源的每条随机轨道对连续相的交换源相值,再将各随机轨道源相平均值赋予相应的随机轨道,因此,对同一颗粒源进行的每一次轨道随机尝试,其对连续相添加的源相值都相等。

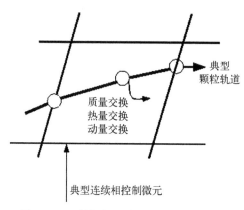

典型颗粒轨道

质量交换
热量交换
动量交换

典型连续相控制微元

图 4.13 颗粒相与连续相耦合过程示意图

4.3.6 液滴蒸发模型

水冲压发动机工作过程中,水流经过喷嘴雾化进入燃烧室,雾化后的水滴在高温燃气流中蒸发生成水蒸气。研究中采用液滴蒸发模型描述水滴蒸发过程,通过质量守恒和能量守恒计算液滴蒸发速率、直径和温度的变化[13]。模型对液滴蒸发过程做如下假设:

(1)蒸发过程是准稳态的,即在任何时刻,过程都处于稳定状态;

(2)液滴温度是均一的;

(3)所有热物理参数为常数。

模型引入蒸发温度的概念,它是指液滴开始蒸发的温度,这一温度只是为满足建模需要,并不表示真实的物理过程,通常该值可以选取为液滴进入计算区域的入口边界温度。液滴蒸发过程通常伴随着液滴温度的变化,根据液滴温度与蒸发温度、沸点之间的关系,液滴蒸发模型对不同状态下的液滴有不同的描述。

(1)液滴温度低于蒸发温度,$T_d < T_{vap}$。

液滴处于加热状态,根据能量守恒可以得到液滴温度随时间的变化规律:

$$m_d c_{drop} \frac{dT_d}{dt} = h A_d (T_\infty - T_d) + \varepsilon_d A_d \sigma (\theta_R^4 - T_d^4) \tag{4.34}$$

式中,m_d 是液滴质量;c_{drop} 是液滴比热容;T_d 是液滴温度;h 是液滴和周围气体的对流换热系数；A_d 是液滴表面积；T_∞ 是周围连续相温度；ε_d 是液滴黑度；σ 是斯蒂芬-玻尔兹曼常数，$\sigma = 5.67 \times 10^{-8}\, \text{W}/(\text{m}^2 \cdot \text{K}^4)$；$\theta_R$ 是辐射温度，$\theta_R = \left(\dfrac{G}{4\sigma}\right)^{1/4}$，

G 是入射辐射：$G = \displaystyle\int_{\Omega = 4\pi} I \mathrm{d}\Omega$，其中，$I$ 是辐射强度，Ω 是空间角。

对流换热系数由下式计算：

$$Nu = \frac{h d_d}{k_\infty} = 2.0 + 0.6\, Re_d^{1/2}\, Pr^{1/3} \tag{4.35}$$

式中，d_d 是液滴直径；k_∞ 是连续相热传导系数；Re_d 是基于液滴直径和相对速度的雷诺数；Pr 是连续相普朗特数。

（2）液滴温度处于蒸发温度与沸点之间，$T_{\text{vap}} < T_d < T_{bd}$。

液滴蒸发速率由液滴表面蒸气与气相之间的浓度梯度差造成的扩散控制，即

$$N_i = k_c (C_{i,\,s} - C_{i,\,\infty}) \tag{4.36}$$

式中，N_i 是蒸气的摩尔扩散通量；k_c 是质量输运系数；$C_{i,\,s}$ 是液滴表面蒸气浓度；$C_{i,\,\infty}$ 是控制体内蒸气浓度。

模型假设液滴表面蒸气的气相分压等于其饱和蒸气压 $p_{\text{sat}}(T_d)$，于是有

$$C_{i,\,s} = \frac{p_{\text{sat}}(T_d)}{R T_d} \tag{4.37}$$

式中，R 是通用气体常数。质量输运系数由 Nusselt 关系式来确定：

$$N_u = \frac{k_c d_d}{D_{i,\,m}} = 2.0 + 0.6\, Re_d^{1/2}\, Sc^{1/3} \tag{4.38}$$

式中，$D_{i,\,m}$ 是控制体内蒸气的扩散系数；Sc 是施密特数，$Sc = \dfrac{\mu}{\rho D_{i,\,m}}$。

通过液滴蒸发速率可以求得液滴质量变化率：

$$\frac{\mathrm{d}m_d}{\mathrm{d}t} = -N_i A_d M_{w,\,i} \tag{4.39}$$

而液滴温度变化同样由液滴与气相间的能量守恒方程来描述：

$$m_d\, c_{\text{drop}} \frac{\mathrm{d}T_d}{\mathrm{d}t} = h A_d (T_\infty - T_d) + h_{\text{fg}} \frac{\mathrm{d}m_d}{\mathrm{d}t} + A_d\, \varepsilon_d \sigma (\theta_R^4 - T_d^4) \tag{4.40}$$

式中，h_{fg} 是液滴汽化潜热。

（3）液滴温度高于沸点，$T_d \geq T_{bd}$。

当液滴温度达到沸点温度后，蒸发速率由液滴滴径变化规律描述：

$$\frac{\mathrm{d}d_d}{\mathrm{d}t} = \frac{4\,k_\infty}{\rho_d\,c_{p,\infty}\,d_d}(1 + 0.23\,\sqrt{Re_d})\ln\left[1 + \frac{c_{p,\infty}(T_\infty - T_d)}{h_{fg}}\right] \tag{4.41}$$

式中，$c_{p,\infty}$ 是气体比定压热容；k_∞ 是气体热传导系数。模型假设环境温度高于液滴沸点，液滴温度等于沸点[179]。

4.3.7　镁金属着火与燃烧模型

4.3.7.1　镁金属离开燃料燃面的初始状态

水冲压发动机燃烧室高压环境会引起镁金属熔点和沸点升高。熔点即固态物质熔解时的温度，当固态物质的温度达到系统压力所对应的固液平衡温度时，就会发生熔解；沸点即液态物质沸腾时的温度，当液体的温度达到（或略超过）系统压力所对应的饱和温度时，液体就会开始沸腾。饱和蒸气压方程能够表征汽相与液相或固相达到平衡时的蒸气压力和温度的关系，其表达式如下所示。

$$\ln\left(\frac{P_{s2}}{P_{s1}}\right) = -\frac{\gamma_v}{R}\left(\frac{1}{T_{s2}} - \frac{1}{T_{s1}}\right) \tag{4.42}$$

$$\ln\left(\frac{P_{s2}}{P_{s1}}\right) = -\frac{\gamma_s}{R}\left(\frac{1}{T_{s2}} - \frac{1}{T_{s1}}\right) \tag{4.43}$$

式中，T_{s1}、T_{s2} 是任意参考温度；P_{s1}、P_{s2} 是 T_{s1} 和 T_{s2} 温度下对应的饱和蒸气压；γ_v、γ_s 是熔解潜热和汽化潜热，当所讨论的温度变化范围不大时，可将潜热当作常数。

如表 4.3 示，以常压下镁的物性参数值为基准，根据式（4.42）、式（4.43）计算镁在不同压强下的熔点温度和沸点温度[180]，实际应用中可采用克拉珀龙-克劳修斯方程和实验蒸气压数据计算其汽化潜热[181]，具体计算式如式（4.44）示。由于压强对熔点的影响远小于其对沸点的影响，研究中将不同压强下镁金属熔解潜热看作恒定。

$$\Delta H_v = T\Delta V_v\left(\frac{397\sum nP}{1\,512\delta T} - \frac{7\sum n^3 P}{216\delta T}\right) \tag{4.44}$$

式中, ΔH_v 是汽化潜热; ΔV_v 是容积变化; n 是由 -3 逐渐增加到 3 的整数; P 是每一点对应的蒸汽压。

表 4.3　镁在不同环境压强下的物质属性

环境压强 /MPa	熔点 /K	熔解潜热 /(kJ/mol,熔点)	沸点 /K	汽化潜热 /(kJ/mol,沸点)
0.10	922.0	8.48	1 363.0	128.0
0.53	922.06	8.48	1 599.10	126.27
1.10	922.15	8.48	1 730.33	124.72
2.50	922.35	8.48	1 906.22	122.65
3.50	922.50	8.48	1 989.03	121.68

图 4.14 是某型高金属含量燃料在不同压强水蒸气环境中燃烧时的燃面测量温度曲线[142]。该试验在密闭燃烧器中进行,通过氙灯瞬间点燃燃料药柱样品,热电偶预埋在药柱样品内,试验测得压强 0.53 MPa、1.1 MPa 时燃料燃面附近火焰温度最高分别达到 1 598 K 和 1 613 K,前者与相应压强下镁的沸点相当,后者则还未达到沸点。试验发现,燃料燃面附近火焰温度随着压强增加而逐步升高,但其变化幅度小于相应状态下沸点温度升幅。

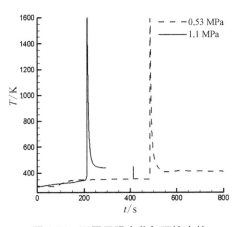

图 4.14　不同压强水蒸气环境中的
燃面温度曲线

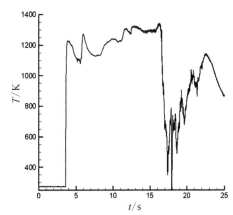

图 4.15　水冲压发动机试验燃气
发生器测量温度曲线

文献[142]中试验测得,2.0 MPa 条件下某型镁基水反应金属燃料燃面附近火焰温度约为 1 760 K,而图 4.15 是某燃气发生器式水冲压发动机试验的燃气发生器测量温度曲线,温度测点在图 4.16 所示热电偶 1 处,该点与初始燃面有一定距离。试验过程中,发动机工作 13 s,燃气发生器平均压强 3.5 MPa,燃料能够自维持燃烧。在无水环境下燃气发生器最高测量温度达 1 334 K,该值位于该状态下镁的熔点(922 K)与沸点(1 989 K)之间(表 4.3)。

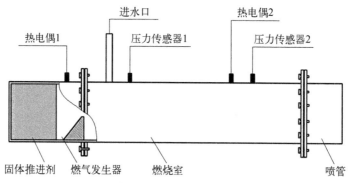

图 4.16　燃气发生器式水冲压发动机结构简图

　　结合第 3 章研究结论,73 型燃料燃面温度均高于镁颗粒熔点,镁颗粒在燃面熔化。考虑到发动机内部燃烧过程中,水在一定喷注压降下以一定速度喷射进入燃烧室,并参与燃料燃面的燃烧。综合以上分析,在进水冲刷和与水的燃烧反应作用下,在水冲压发动机内部燃烧流动分析过程研究中,认为燃料中镁金属在接近燃面时被迅速加热,并以熔融液滴形式离开燃料燃面附近区域进入燃烧室。

4.3.7.2　镁滴着火与燃烧模型

　　本书在第 2 章进行了水蒸气中镁颗粒着火与燃烧机理研究,研究确认了单个镁颗粒在静止水蒸气环境中着火是由化学动力学控制的表面反应,燃烧是由气相扩散控制的过程;镁颗粒的着火临界温度为 1 150~1 200 K。着火前镁颗粒内部在热作用下逐步熔化膨胀,并致使表面氧化膜产生裂缝,颗粒达到着火温度后水蒸气通过裂缝与熔融金属接触后着火;着火后镁颗粒表面先是发生多相燃烧,直至氧化膜完全破裂,燃烧发展为气相燃烧。

　　水冲压发动机工作过程中,镁颗粒以熔融液滴形式进入燃烧室,镁滴表面覆盖氧化镁保护膜,考虑到发动机中复杂剪切流的作用,选取水冲压发动机中镁颗粒的着火温度为 1 100 K。基于第 2 章的研究结果,建立镁滴着火与燃烧模型以描述燃烧室中镁滴的变化过程,模型对物理过程简化并进行如下假设:

　　(1) 镁滴着火燃烧过程为准稳态过程;

　　(2) 镁滴温度是均一的;

（3）所有热物理参数为常数；

（4）镁滴温度低于着火温度时,表面向内发生氧化反应,液滴外径不变；

（5）镁滴温度高于着火温度时,镁滴与水蒸气发生气相燃烧,生成氧化镁凝聚于镁滴表面；

（6）镁滴着火后,镁滴温度等于沸点温度。

图 4.17 是镁滴着火和燃烧物理过程示意图,水冲压发动机中镁滴的着火和燃烧过程分为着火前的氧化阶段、着火以及着火后的燃烧阶段[182]。镁滴着火前,其表面被氧化镁覆盖；着火后,氧化镁外壳破碎凝结,依附于镁滴形成氧化镁帽；燃烧过程中,镁金属逐渐蒸发,与气相中的水蒸气反应,其产物氧化镁凝结于镁滴的氧化镁帽上。

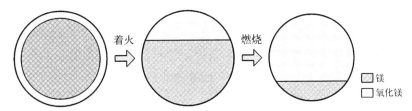

图 4.17　镁滴着火和燃烧物理过程示意图

镁滴在燃烧室内运动过程中其温度逐步升高,在镁滴温度达到着火温度前,采用文献[183]中的镁在水蒸气中高温氧化动力学方程,描述镁滴氧化阶段表面氧化膜厚度变化：

$$\frac{\mathrm{d}\alpha}{\mathrm{d}t} = 2.4 \times 10^{11} \, e^{-\frac{160\,000}{RT_{\mathrm{d}}}} \, C_{\mathrm{H_2O}}^{0.9} \, (1 - \alpha)^{-\frac{2}{3}} \tag{4.45}$$

式中, α 是无因次氧化膜厚度, $\alpha = d_{\mathrm{MgO}}/R_{\mathrm{s}}$,其中, d_{MgO} 是氧化膜厚度, R_{s} 是液滴半径； $C_{\mathrm{H_2O}}$ 是周围环境中水蒸气的摩尔浓度。水冲压发动机中,镁滴表面与周围燃气流发生对流传热,根据对流传热原理可以计算镁滴温度：

$$\Phi = hA\Delta T \tag{4.46}$$

式中, Φ 是对流传热量； A 是镁滴表面积； ΔT 是温差。

由于氧化镁的熔点为 3 125 K,在水冲压发动机燃烧室内,氧化镁以凝相状态存在。在第 2 章的镁颗粒燃烧试验中观察到,燃烧过程中火焰是从表面裂缝中冒出的,表面始终存在着氧化镁保护膜。研究中镁滴燃烧模型对这一过程进行了简化,镁滴温度达到着火温度后,表面氧化膜迅速破裂,氧化膜与燃烧生成的氧化镁结合,统一以球冠形式停留在镁滴上。裸露在燃烧室环境中的镁滴与水蒸气燃烧为扩散控制的蒸汽相燃烧过程,模型采用修正的 D^2 定律对液滴直径变化进行描述,计算表达式见式(2.15)。

4.4　水冲压发动机数值模拟方法验证

4.4.1　试验实例

选用 10 - 50 - 12 号试验作为数值模拟方法的验证实例,该次试验采用 Ⅰ 型发动机,50 型水反应金属燃料,发动机结构示意图如图 4.2 示,试验过程中一次进水和二次进水分别采用 4 个离心式喷嘴,其中一次进水角度为 45°,二次进水角度为 90°。设计工况为:燃烧室压强 2.5 MPa、总水燃比 2.9,一次水燃比 0.8。10 - 50 - 12 号试验的发动机稳定工作段试验数据处理结果如表 4.4 所示,燃烧室压强测点位于尾喷管前,温度测点位于一次进水口与二次进水口之间。

表 4.4　10 - 50 - 12 号试验稳定工作段数据处理结果

试验编号	燃烧室压强/MPa	燃烧室温度/K	一次水流量/(kg/s)	二次水流量/(kg/s)	燃料燃气流量/(kg/s)	试验特征速度/(m/s)
10 - 50 - 12	2.44	1 390.75	0.16	0.44	0.21	612.79

试验编号	理论特征速度/(m/s)	试验比冲/(N·s/kg)	理论比冲/(N·s/kg)	比冲效率/%	燃烧效率/%
10 - 50 - 12	789.85	2 932.70	4 422.75	66.31	77.58

4.4.2　数值模拟过程

4.4.2.1　计算网格

在进行数值模拟之前,首先要确定计算区域并进行网格划分。图 4.18 是数值模拟的发动机结构示意图,发动机为关于轴截面对称的结构,为减小数值模拟计算量,采用二分之一发动机结构作为计算区域,图 4.19 是燃烧室壁面网格分布。

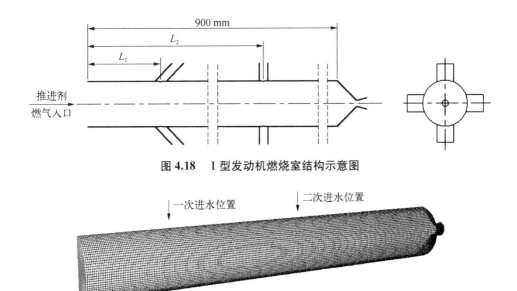

图 4.18　I 型发动机燃烧室结构示意图

图 4.19　I 型发动机燃烧室壁面网格

4.4.2.2　边界条件

在数值模拟中,边界条件是影响数值收敛过程及计算结果的关键因素之一。针对本节研究对象,具体计算边界条件的设定如下。

（1）壁面边界条件:在壁面上速度采用无滑移条件,即 $u=0$、$v=0$、$w=0$；温度采用绝热壁条件,即 $\left.\dfrac{\mathrm{d}T}{\mathrm{d}n}\right|_{\mathrm{w}}=0$；压力、各组分质量分数梯度为零,即 $\left.\dfrac{\mathrm{d}P}{\mathrm{d}n}\right|_{\mathrm{w}}=0$、$\left.\dfrac{\mathrm{d}Y_i}{\mathrm{d}n}\right|_{\mathrm{w}}=0$,其中,w 表示壁面,$n$ 代表壁面法向。

（2）轴对称面边界条件:在对称面上,法向速度为零,在对称面法向上其他所有流动变量梯度为零。

（3）入口边界条件:水冲压发动机中有三个入口边界,即燃料燃气入口、一次进水入口和二次进水入口。一次进水距离为 160 mm,二次进水距离为 542 mm入口边界条件需要设置流量、温度、组分等参数,关于各主要参数的选取将在后续章节中详细介绍。

（4）出口边界条件:采用地面环境压强作为出口压强。

本节入口边界条件中参数的选取主要是根据发动机实际工作状态和理论计算结果确定的。如表 4.5 所示,发动机燃料燃气流量为 0.21 kg/s,一次水流量为 0.16 kg/s,二次水流量为 0.44 kg/s。

表 4.5　1 kg 50 型燃料自持燃烧产物的组分及各组分摩尔数

气相组分	摩尔数	气相组分	摩尔数	气相组分	摩尔数	气相组分	摩尔数	凝相组分	摩尔数
CH_2O	0.000 01	HCO	0.000 22	CH_3	0.002 24	H_2	15.308 47	MgO	8.282 03
CH_4	0.034 73	H_2O	0.001 03	CN	0.000 02	Mg	10.354 92	C	11.993 82
CO	2.022 72	MgCl	0.364 23	CO_2	0.000 02	$MgCl_2$	1.060 45		
C_2H	0.000 26	MgH	0.668 54	C_2H_2	0.072 56	MgN	0.001 45		
C_2H_4	0.001 27	MgO	0.000 05	C_2N_2	0.000 02	MgOH	0.004 77		
Cl	0.000 13	NH_2	0.000 02	H	0.040 59	NH_3	0.000 67		
HCl	0.068 15	N_2	1.190 89	HCN	0.169 40				

　　水冲压发动机中,水反应金属燃料自持燃烧产物为富含镁金属的多相流,产物成分复杂。10-50-12 号试验采用的是 50 型水反应金属燃料,通过热力计算能够计算燃料的燃烧产物,表 4.5 列出了 2.44 MPa 下 1 kg50 型燃料自持燃烧产物的组分及各组分摩尔数,燃料燃烧气相产物组分多达 27 种,且各组分摩尔数分布很不均匀。考虑到燃烧室内的主要化学反应发生在镁与水之间,为方便计算,在不影响燃气流主要特性的情况下对组分进行简化处理,只对主要成分进行考虑。计算中气相组分包含 CO、N_2、H_2 和 $MgCl_2$,凝相产物为 Mg。两相流中存在温度迟滞现象,文献[142]中通过试验确认了 50 型燃料燃面温度约为 850 K,研究中将该温度值作为镁滴的入口边界温度,而气相入口边界温度参照文献[142]中试验测得 50 型燃料燃面附近火焰温度选取为 1 760 K。

　　如表 4.5 所示,由于热力计算中水反应金属燃料绝热燃烧温度高于实际温度,热力计算产物中镁金属以气相形式存在,物质的量为 10.35 mol,但依据3.3.7.1 小节结论,在实际燃料燃气入口边界条件设置中,镁金属是以凝相镁滴形式存在,数值模拟中将其作为凝相处理。镁滴在燃烧室内存在一定范围内粒径分布,数值模拟过程中不同粒径镁滴的跟踪计算量较大,研究中 50 型燃料镁颗粒平均粒径约为 150 μm,在不改变燃烧室中镁/水燃烧主要特性的情况下,为节约计算成本,选取镁滴单一初始粒径为 152 μm,表面初始氧化膜厚度为 2 μm。

　　文献[184]中对研究中试验离心式喷嘴雾化特性进行过测量,参照该文献,一次进水、二次进水的入口边界条件采用 Rosin-Rammler 粒径分布规律设置[49],喷注压降 0.8 MPa 时,平均粒径 100 μm,最大粒径 500 μm,最小粒径20 μm,分布系数 3.5,雾化锥角 90°,进水喷射速度 38 m/s。

　　4.4.2.3　初始条件

　　在采用时间相关法计算定常问题时,由于迭代的需要,必须对流场进行初始化。从物理的角度来说,无论初始状态如何,流场最终都会趋向一个确定的状态,然而在数值计算中初始流场的好坏直接影响到计算的收敛速度,严重时还会导致发散。本章对多种情况的水冲压发动机燃烧室内流场进行计算后发现,流场初始参数取燃气入口参数较为合适。

4.4.3　结果与讨论

4.4.3.1　流场特性分析

对 10 - 50 - 12 号试验工况进行数值模拟后得到燃烧室内流场计算结果,图 4.20 是燃烧室内流场的速度矢量分布,图 4.21、图 4.22 和图 4.23 分别是镁滴温度、粒径及镁滴中镁金属质量、氧化镁质量沿轨迹变化,图 4.24 是气相镁蒸气质量分数分布,图 4.25 是一次、二次进水雾化后水滴质量沿轨迹变化,图 4.26 是气相水蒸气质量分数分布,图 4.27 是气相镁/水反应速率分布,图 4.28 燃烧室内流场温度分布。

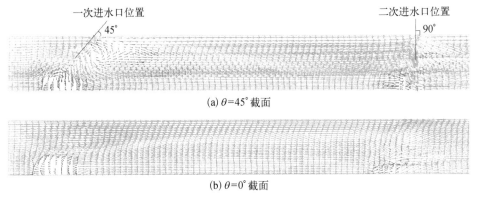

(a) $\theta=45°$ 截面

(b) $\theta=0°$ 截面

图 4.20　燃烧室内流场速度矢量分布

| 850 | 956 | 1061 | 1167 | 1272 | 1378 | 1484 | 1589 | 1695 | 1800 | 1906 |

图 4.21　燃烧室内镁滴温度沿轨迹变化(单位:K)

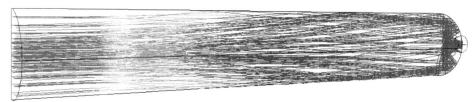

图 4.22　燃烧室内镁滴粒径沿轨迹变化（单位：m）

图 4.23　燃烧室内镁滴中氧化镁质量沿轨迹变化（单位：kg）

图 4.24　燃烧室内气相镁蒸气质量分数分布

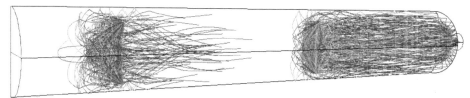

图 4.25　燃烧室内一次、二次进水雾化后水滴质量沿轨迹变化（单位：kg）

| 0.00 | 0.08 | 0.16 | 0.25 | 0.33 | 0.41 | 0.49 | 0.57 | 0.66 | 0.74 | 0.82 |

图 4.26　燃烧室内气相水蒸气质量分数分布

| 0.00 | 0.16 | 0.33 | 0.49 | 0.65 | 0.82 | 0.98 | 1.14 | 1.31 | 1.47 | 1.63 |

图 4.27　燃烧室内气相镁/水反应速率分布[单位: $kg \cdot mol/(m^3 \cdot s)$]

| 469 | 604 | 739 | 874 | 1009 | 1144 | 1279 | 1414 | 1549 | 1684 | 1819 |

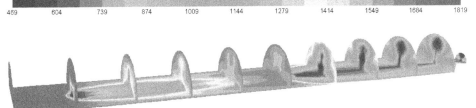

图 4.28　燃烧室内流场温度分布(单位: K)

　　本次试验一次进水角度为 45°,二次进水角度为 90°,进水口位于 $\theta = 45°$ 截面与燃烧室壁面的交界线上。如图 4.20 所示,数值模拟结果反映出轴向主流与径向射流的相互作用:一次进水进入燃烧室后,其轴向速度分量较大且与燃气流速度相反,由于气流剪切作用,在靠近壁面的一次进水后方以及燃烧室上游中心区域形成回流区,二次进水由于轴向速度分量很小而未能引起明显回流。

　　如图 4.21 所示,在高温燃气流以及镁滴表面氧化作用下,镁滴温度逐步升高,当达到着火温度 1 100 K 时,表面氧化膜破裂,镁滴从表面氧化阶段过渡到气相燃烧阶段,着火后镁滴温度迅速升高到沸点温度1 910 K。燃气入口处镁滴初始粒径为152 μm,镁滴在燃烧室运动过程中与水蒸气反应,生成氧化镁并依附于原液滴上,当粒径152 μm的球形镁滴完全转化为氧化镁时,根据化学反应式以及质量守恒,其最终粒径为138 μm,图4.22中镁滴粒径沿轨迹的变化表明当前粒径的镁滴已完全反应。图4.23和图4.24显示了镁滴的氧化燃烧过程,在二次进水口之前,处于平均粒径(150 μm)的镁滴中镁金属已完全转化为氧化镁,镁滴着火后其气相燃烧过程伴随着镁滴的蒸发,使得大部分镁蒸气集中于燃烧室内的前半部流场。

一次进水与二次进水通过喷嘴雾化进入燃烧室,其初始粒径分布采用Rosin-Rammler粒径分布规律描述,且一次进水流量小于二次进水流量,在燃烧室前部的高温燃气流和镁/水反应热作用下,一次进水较二次进水更为迅速地蒸发完毕,见图4.25。如图4.26所示,一次进水使得燃烧室前部中心区域集中大量水蒸气,之后随着镁/水反应的进行,水蒸气质量分数逐渐减少,但二次进水的进入使水蒸气含量迅速升高,在燃烧室后半部水蒸气的质量分数上升到0.80左右。

水冲压发动机中镁滴燃烧为扩散控制的气相燃烧过程,镁/水蒸气混合后即迅速反应,反应集中在一次进水后的燃烧室中心区域,见图4.27。如图4.28所示,一次进水蒸发吸热使内流场温度下降,但镁滴着火燃烧后放热使得流场温度逐步回升,生成的高温燃气流进一步加热二次进水,而其蒸发吸热过程则再次致使流场温度下降。

4.4.3.2 参数对比与分析

图4.29是数值模拟得到的燃烧室壁面温度沿轴向变化,一次进水口之前壁面温度沿轴向逐渐降低,镁金属与一次进水反应放热使壁面温度随之升高,至二次进水口后由于水蒸发吸热致使壁面温度再次下降。10-50-12号试验中在一次、二次进水口之间的测点测量温度为1 390.75 K,数值计算得到的相应温度为1 673.20 K。图4.30是热力计算得到的燃烧室温度随水燃比的变化,试验中一次水燃比为0.77,假设在测点附近镁/水按一次水燃比充分混合,热力计算得到的燃烧室温度为1 878.47 K。如图4.28所示,数值计算得到的燃烧室最高温度为1 819.35 K,而在水燃比小于2.44时,热力计算得到的燃烧室最高温度为2 340.41 K,见图4.30。

表4.6是10-50-12号试验工况下发动机参数对比,热力计算中的燃烧室压强是以试验测量值作为输入值。相比于实际试验过程,由于数值模拟对物理

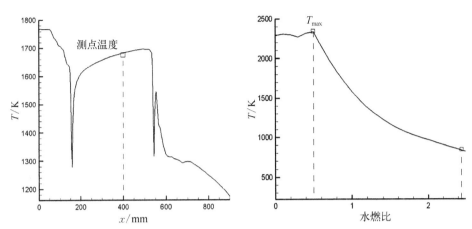

图 4.29　数值模拟燃烧室壁面温度沿轴向变化　图 4.30　热力计算燃烧室温度-水燃比曲线

过程进行了简化且未考虑壁面散热、热离解等损失,数值计算值一般高于试验测量值;相比于热力计算,数值模拟中考虑了两相流损失、掺混与流动等因素,因此数值计算值一般低于热力计算值。燃烧室温度、压强以及发动机特征速度和比冲都表现出这一规律。

表 4.6　10-50-12 号试验工况下发动机参数对比

方　法	燃烧室测点温度/K	燃烧室最高温度/K	燃烧室压强/MPa	特征速度/(m/s)	比冲/(N·s/kg)
试验测量	1 390.75	—	2.44	612.79	2 932.70
数值计算	1 673.20	1 819.35	2.65	657.46	3 206.45
热力计算	1 878.47	2 340.41	2.44	789.86	4 422.75

综合以上分析,研究中所采用的数值模拟方法能够反映镁基水冲压发动机的内流场特性,且数值计算结果合理,能够体现发动机工作参数和性能参数的变化。

4.5　小结

本书在后续水冲压发动机内部燃烧过程和燃烧组织方法的研究中采用直连试验与数值模拟相结合的方法,本章首先对这两种方法进行了研究,主要工作和结论如下。

（1）进一步完善了水冲压发动机直连试验系统。在原水冲压发动机地面直连试验系统基础上进行了进水方式设计，采用垂直进水的方式能够有效减小试验过程中进水冲量对发动机轴向测量推力的影响；设计了Ⅰ型、Ⅱ型试验水冲压发动机及点火器，进行了燃料和进水雾化喷嘴的选取，为后续发动机试验研究奠定了基础。

（2）确定了水冲压发动机数据处理方法。对典型的水冲压发动机燃烧室压强和推力变化过程进行了分析，并对发动机工作时间、燃烧时间和稳定工作段时间进行了定义；以不同工况下的两次发动机地面直连试验为例，对基于三个时间段的数据处理结果进行分析对比，结果发现：不同数据处理方法得到的发动机性能参数变化趋势相同，但按稳定工作段时间处理得到的参数值更大，在试验研究阶段，发动机工作时间短（通常为 10 s 左右），为减小压强爬升段和拖尾段（通常为 3~5 s）对发动机整体性能的影响，确定采用基于稳定工作段时间的数据处理方法。

（3）建立了水冲压发动机中镁金属着火与燃烧模型，改进了发动机内部燃烧流动数值计算方法。根据水冲压发动机燃烧室条件下镁金属的熔点和沸点，以及燃料燃面附近区域温度大小，确定了燃料中镁颗粒熔融液滴形式离开燃面附近区域进入燃烧室；根据镁滴着火温度，将水冲压发动机中镁滴的着火和燃烧过程分为着火前的氧化阶段、着火以及着火后的燃烧阶段，采用镁在水蒸气中高温氧化动力学方程描述镁滴氧化阶段表面氧化膜厚度变化，采用修正的 D^2 定律描述镁滴燃烧阶段液滴直径变化。

（4）通过数值计算模拟某次镁基水冲压发动机试验工况，对发动机数值模拟方法进行了验证。数值计算得到的发动机内流场特性合理，能够反映镁滴、水滴沿轨迹变化规律及气相流场参数变化规律。

第 5 章

镁基水冲压发动机点火与内部燃烧过程研究

5.1 引言

实现镁基水冲压发动机的正常点火与持续燃烧是进一步开展燃烧组织研究以提高发动机性能的基础。由于水冲压发动机所采用的水反应金属燃料氧化剂含量较少,燃料自持燃烧释放的热量有限;而作为氧化剂进入燃烧室的液态水,其本身的蒸发潜热较大,蒸发过程所需要的热量较多;当金属含量进一步增高时,燃料将难以实现自持燃烧,镁/水反应的启动和维持都将存在困难,水冲压发动机存在点火启动问题。在这种燃烧室环境下,必须掌握镁基水冲压发动机的点火与内部燃烧过程的特性和规律,对发动机的点火与工作条件进行合理控制,才能启动并维持燃气流中的镁/水反应,实现发动机的成功点火与持续燃烧[185]。

水冲压发动机内部燃烧包括燃料的自持燃烧、水的雾化与蒸发、燃气流与水的掺混及流动、镁/水燃烧等物理化学过程,各子过程的相互耦合给认识发动机点火和内部燃烧过程带来一定困难。发动机工作是从点火开始的,测控系统产生电信号触发点火器引燃,燃料表面吸收点火能量后迅速点燃,产生的燃料燃气流携带熔融镁滴进入燃烧室;水流通过喷嘴雾化后进入燃烧室,水滴在燃烧室高温燃气流作用下蒸发生成水蒸气;在燃烧室运动过程中,镁滴吸收环境热量后自身温度逐步升高,当镁滴达到着火温度时,镁滴与环境中水蒸气之间的燃烧启动。而在这一过程中,发动机点火能量不足或者点火时序不合理等现象都可能导致点火延时过长甚至发动机点火失败。

在水冲压发动机点火启动后,镁滴在其自身温度高于着火温度时能够维持燃烧,而水滴蒸发过程吸热会引起燃烧室温度降低,因此必须减小进水过程对镁滴温度的影响,防止镁/水反应中止;另外,在发动机平稳、持续工作的基础上,为提高发动机性能,也需要对发动机内部燃烧过程有足够了解,合理设计和组织镁滴升温着火、水滴吸热蒸发与镁/水燃烧放热等子过程,才能使更多的反应热能转化为动能。

为获得水冲压发动机点火和内部燃烧过程的特性和规律,掌握发动机的内部工作原理,本章采用水冲压发动机直连试验方法,开展发动机点火能量、点火时序、水燃比、进水喷注压降以及燃料金属含量等对点火过程影响的试验研究;同时在理论分析的基础上,分别采用直连试验和数值分析的方法,进行一次进水和两次进水条件下的水冲压发动机内部燃烧过程对比研究。

5.2 水冲压发动机点火过程试验研究

水冲压发动机的准确可靠点火首先需要点火器提供足够的点火能量,在确定点火药量时,既要防止由于点火能量不足而导致的发动机点火失败、迟发火和断续燃烧等现象,也要避免点火能量过大引起点火压力峰过高而产生的巨大冲击。发动机点火的成败与优劣通常用点火延时来衡量,按照延时产生的源头不同,水冲压发动机点火延时可分为点火器点火延时和燃料点火延时。一般而言,点火器点火延时较短,发动机点火延时主要由燃料点火延时决定,它与燃料物理化学性质、环境条件、燃烧室空腔自由容积及点火能量等因素有关。

为掌握高金属含量镁基水冲压发动机点火过程的特性和规律,实现发动机的可靠点火,本章针对其发动机的点火过程开展了试验研究,选取 7 次试验对各主要影响因素进行讨论。各次试验均采用 73 型水反应金属燃料,Ⅱ 型试验发动机,两次进水雾化采用离心式喷嘴,其中一次进水角度为 45°,二次进水角度为 90°,试验发动机结构示意图如图 4.2 所示。在上下游一定压差范围内,文氏管具备稳定流量功能,通过在供水管路上安装文氏管,能够使进水流量不受燃烧室反压的影响。在水冲压发动机点火过程试验研究中,一次进水管路始终安装有文氏管,对于二次进水管路,10 - 73 - 01 号~10 - 73 - 04 号试验中管路上没有安装文氏管,而在 10 - 73 - 05 号、10 - 73 - 06 号及 10 - 50 - 12 号试验管路上安装了文氏管。另外,除 10 - 50 - 12 号试验采用 50 型燃料外,其余 6 次试验均采用 73 型燃料。表 5.1 列出了水冲压发动机点火过程试验结果。

表 5.1　水冲压发动机点火过程试验结果

试验编号	燃料型号	点火压力峰/MPa	一次水燃比	二次水燃比	一次水进喷注压降/MPa	点火延时/s
10 – 73 – 01	73	1.19	—	—	0.76	—
10 – 73 – 02	73	2.25	0.80	1.44	0.75	2.40
10 – 73 – 03	73	1.02	1.21	1.76	0.87	1.36
10 – 73 – 04	73	2.02	—	—	0.90	12.15
10 – 73 – 05	73	3.06	1.06	1.57	0.62	1.96
10 – 73 – 06	73	2.65	1.05	1.56	0.93	2.01
10 – 50 – 12	50	1.21	0.80	2.17	0.84	5.87

5.2.1　点火能量的影响

当点火能量不足时,燃料表面可能维持小范围的短暂燃烧,但随着液态水进入燃烧室,其蒸发吸热过程很容易导致火焰熄灭。在相同的点火药配方下,点火药质量、点火压力峰与点火能量之间互呈正比。理论上点火能量越高将越有利于燃料点燃,但这也常常使点火压力峰升高,以致对发动机壳体强度要求更加苛刻。因此,在点火器设计过程中,一方面应确保点火能量足以使燃料点燃,另一方面点火压力峰不能过高,一般不超过发动机工作压强最高值。

10 – 73 – 01 号和 10 – 73 – 02 号试验中点火器采用了相同配方下不同质量的点火药,点火药质量依次为 0.042 kg 和 0.08 kg,其他点火条件,如发动机进水流量、喷嘴前压强、点火时序及设计工况等保持相同,点火时序为:首先发动机点火器点火,然后开启一次进水管路阀门,最后开启二次进水管路阀门。

图 5.1、图 5.2 分别给出了 10 – 73 – 01 号和 10 – 73 – 02 号试验的压强-时间曲线,其中 $P_{chamber}$、$P_{primary \ atomizer}$ 和 $P_{secondary \ atomizer}$ 曲线分别表示燃烧室压强、一次进水口和二次进水口喷嘴上游压强的变化。由于两次进水都是在喷注压降作用下经过喷嘴进入燃烧室的,通过观察燃烧室和两次进水口喷嘴上游压强曲线,比较压强曲线爬升时刻的先后顺序,即可判别发动机的点火时序。如图所示,10 – 73 – 01 号试验中,点火压力峰为 1.19 MPa,随着一次进水和二次进水先后进入燃烧室,燃烧室压强始终没有建立起来,燃料未能成功点燃;而在 10 – 73 – 02 号试验中,在其他点火条件相同的情况下,点火压力峰为 2.25 MPa,随着两次进水的进入,燃烧室压强顺利爬升,点火延时 2.40 s,发动机点火成功,全过程工作正常。

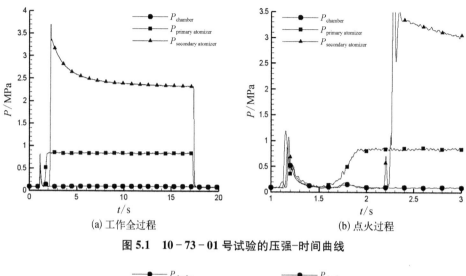

图 5.1　10-73-01 号试验的压强-时间曲线

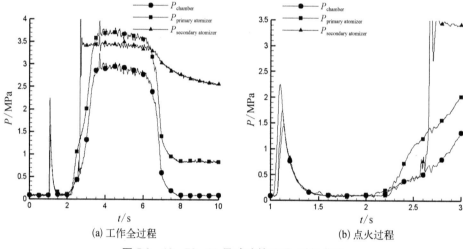

图 5.2　10-73-02 号试验的压强-时间曲线

　　试验结果表明,当前条件下,73 型燃料在点火压力峰低于 1.19 MPa 时,点火能量不足以使发动机成功点火;另外,如图 5.2 所示,10-73-02 号试验中,在点火压力峰之后,此时燃料已经点燃,间隔约 0.5 s 后两次进水先后进入燃烧室,燃烧室压强开始爬升,这说明在两次进水进入燃烧室之前,点火能量充足时,73 型燃料在低压无水环境下能够维持自持燃烧。

5.2.2　点火时序的影响

　　研究中水冲压发动机试验点火时序主要包括三个步骤: 点火器电信号触

发、一次进水管路阀门开启和二次进水管路阀门开启。与此同时在发动机内部，一系列子过程迅速完成，主要包括：点火器接受电信号后引燃、点火热能向燃料药柱表面传播、火焰在整个燃料表面传播、水反应金属燃料发生自持燃烧、燃气在燃烧室中充填、两次进水雾化、水滴蒸发吸热、燃气中镁金属液滴蒸发、不同组分不同相间掺混流动、镁/水发生放热反应至剧烈燃烧等。各子过程相互叠加且耦合，因此，必须通过合理设计点火时序，使发动机内部子过程快速平稳发展直至建立持续稳定的燃烧。

10-73-03 号和 10-73-04 号试验采用了不同的发动机点火时序，其他点火条件如发动机点火配方和药量、进水流量、喷嘴前压强以及设计工况均保持相同。10-73-03 号试验点火时序为：首先发动机点火器点火，然后开启一次进水管路阀门，最后开启二次进水管路阀门。10-73-04 号试验点火时序为：首先发动机点火器点火，然后同时开启一次进水管路阀门与二次进水管路阀门。参照 5.2.1 小节中的 10-73-02 号试验，这两次试验同样采用相同配方的点火药 0.08 kg，但在点火时序上，一次进水阀门开启时刻都提前到点火压力峰期间。

图 5.3、图 5.4 分别给出了 10-73-03 号和 10-73-04 号试验的压强-时间曲线。10-73-03 号试验中，发动机点火压力峰为 1.02 MPa，低于 10-73-02 号试验中相同点火药量时的 2.25 MPa，这是由于一次进水进入燃烧室的时刻提前到点火压力峰上升阶段，部分点火能量被液态水吸收，且燃烧室压强迅速建立起短暂的平衡，之后随着二次进水的进入，燃烧室压强迅速爬升，点火延时 1.36 s，发动机仍然成功点火，全过程工作正常；10-73-04 号试验中，点火压力

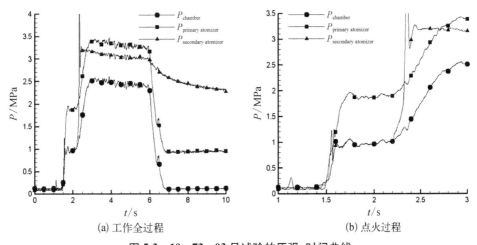

(a) 工作全过程　　　　　　　　　(b) 点火过程

图 5.3　10-73-03 号试验的压强-时间曲线

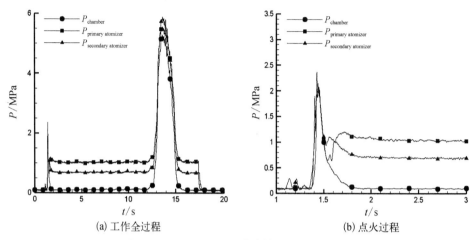

(a) 工作全过程　　　　　　　　(b) 点火过程

图 5.4　10－73－04 号试验的压强-时间曲线

峰为 2.02 MPa,一次、二次进水进入燃烧室的时刻是在点火压力峰的下降阶段,
之后燃烧室压强长时间不能建立,在 t = 12.1 s 时燃烧室压强开始爬升,直至峰值
5.28 MPa 后燃烧结束,发动机实现点火,点火延时 12.15 s。图 5.5 是 10－73－
04 号试验现场录像截图,其中,(a)、(b)、(c)图是处于发动机点火过程,试验
过程中可观察到燃烧火焰和液态水同时从发动机喷管喷出,(a)图中火焰被
液态水包裹住,(b)图中尾焰后部中央呈蓝色是由部分镁/水反应产生的氢
气与空气中的氧气反应引起,(c)图中尾焰后部的火星是具有一定温度的镁
金属与空气中的氧气反应引起,(d)图对应燃烧室压强曲线最后的压强峰期
间,发动机尾部喷出的明亮火焰同样是由未反应完的镁金属与氧气反应
引起。

　　试验结果表明,在其他点火条件(如点火能量等)满足的情况下,当点火时
序按照先触发点火器、再依次开启一次、二次进水管路阀门的顺序时,发动机能
够成功点火;当触发点火信号后同时开启一次、二次管路阀门时,由于燃烧室内
瞬间堆积大量的液态水,水反应金属燃料自持燃烧产生的热量不足以在短时间
内将进入的水完全蒸发,从而造成发动机点火延时增长;发动机最终实现点火,
说明在第 12.1 s 燃烧室压强峰出现之前,燃料在低压有水环境下也能够维持自
持燃烧;另外,由于本节两次试验设计工况相同,10－73－04 号试验的设计总水
燃比同样为 2.97 左右,类似将一次、二次进水管路阀门同时打开,如将一次水燃
比设计值设为 2.97,可以推断也将造成点火延时增长,因此,这也说明一次水燃
比过大(如 3.0 附近)时不利于发动机迅速点火。

(a) $t=4$ s

(b) $t=7$ s

(c) $t=9$ s

(d) $t=14$ s

图 5.5　10-73-04 号试验现场录像截图

5.2.3　水燃比的影响

作为水冲压发动机的重要工作参数,水燃比不仅决定了燃烧室中的镁/水比例,而且会影响水的蒸发以及镁/水反应等过程,因此有必要研究其对燃烧建立阶段即点火过程的影响。由于 5.2.2 小节已经对一次水燃比进行过讨论,本节将主要讨论二次水燃比对发动机点火过程的影响。

10-73-01 号~10-73-04 号试验中,二次进水管路由于没有安装文氏管而不具备稳流功能,其流量受到喷嘴出口处燃烧室压强的影响。点火过程中燃烧室压强低于其平衡压强时,进水喷注压降(喷嘴上游压强与喷嘴出口反压之差)的变化将导致点火阶段二次进水流量高于其稳定工作段对应值,如图 5.3(b) 所示,10-73-03 号试验二次进水在 $t=2.1\sim2.9$ s 阶段的喷注压降高于 $t=2.9\sim5.9$ s 阶段。以 10-73-03 号试验为基础,10-73-05 号试验中二次进水管路上安装了文氏管,同时降低了一次、二次水燃比设计值。图5.6、图5.7分别是10-73-03次和10-73-05号试验水流量-时间曲线,其中,10-73-03号试验发动机二次进水流量在点火过程出现峰值,而后者水流量较为平稳,所以10-73-05号试验二次进水流量低于10-73-03号试验相应值。

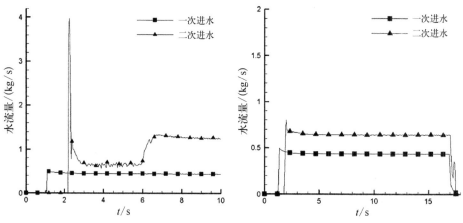

图5.6　10-73-03号试验水流量-时间曲线　　图5.7　10-73-05号试验水流量-时间曲线

　　为准确控制点火时序,试验前必须先对供水管路进行预充填,由于不同试验次数的充填时间存在一定系统误差,为保证点火时序正常,在时序设计中应考虑一定余度。因此,在10-73-03号试验的基础上对10-73-05号试验一次进水时刻进行了0.5 s左右的后延,发动机点火时序仍然为:首先发动机点火器点火,然后开启一次进水管路阀门,最后开启二次进水管路阀门。

　　图5.8给出了10-73-05号试验的压强-时间曲线。如图所示,发动机点火压力峰3.06 MPa,随着一次、二次进水的先后进入,燃烧室压强迅速爬升,点火延时1.96 s,发动机点火成功,全过程工作正常。从曲线上看,相比于单独一次进水进入后燃烧室压强爬升段($t = 2.0 \sim 2.2$ s),二次进水进入后燃烧室爬升段($t = 2.4 \sim 3.0$ s)的上升斜率变化较小;另外,与10-73-03号试验图5.3相比,二次进水进入燃烧室后,点火过程中不同二次水燃比的两次试验燃烧室压强的爬升速率相差也不大,去除点火时序中一次进水时刻0.5 s左右的后延时间,两次试验点火延时相差仅约0.1 s。这是由于在该点火时序下,燃料燃烧产生的燃气流已先与一次进水建立起燃烧,燃烧室压强迅速上升,其产生的高温燃气以一定速度向下游流动,这时二次进水进入燃烧室,大部分水将在高温燃气作用下迅速蒸发,未及时蒸发的水滴在燃气流推动作用下从喷管喷出,因此,在正常点火时序

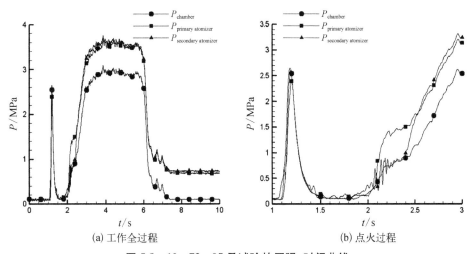

(a) 工作全过程   (b) 点火过程

图 5.8 10‑73‑05 号试验的压强‑时间曲线

下,二次水燃比对燃料燃面发生的自持燃烧的直接影响较小。

综合 5.2.2 小节部分结论,试验结果表明,一次、二次进水的进入都将引起燃烧室压强的升高;一次水燃比过大(如 3.0 附近),将造成点火延时增长,不利于发动机迅速点火;在一定范围之内(总水燃比小于 3.0)时,正常点火时序下二次水燃比的变化对发动机点火过程燃烧室压强爬升速率影响不大。

5.2.4 进水喷注压降的影响

喷注压降是指喷嘴上游压强与喷嘴出口反压之差。在点火过程研究中,试验水冲压发动机两次进水采用的是离心式喷嘴。对于该类喷嘴,增加喷注压降通常有助于提高水流的雾化程度,且雾化后的水滴粒径越小,其完全蒸发所需要的时间越短,这通常将有利于提高发生在蒸气相中的镁/水燃烧速率。水冲压发动机中镁/水完全燃烧时间与镁滴和水滴的蒸发时间、反应物的掺混时间以及化学速率相关。值得一提的是,当雾化后的水滴粒径减小到一定程度时,进一步提高喷嘴喷注压降所能缩短的蒸发时间程度有限,相对整个镁/水燃烧时间可以忽略,这时提高喷注压降不仅对提高燃烧速率效果不再明显,而且将进一步增大水冲压发动机冲压水流的压强损失,限制燃烧室压强的设计范围。由 5.2.3 小节研究结论可知,二次进水一般对发动机点火过程的影响不大,因此,本节将主要讨论一次进水喷注压降的影响。

在 10‑73‑05 号试验的基础上,10‑73‑06 号试验将一次进水的喷注压降从 0.62 MPa 增加到 0.93 MPa,其他设计工况与点火条件基本保持相同。图 5.9 是 10 - 73 - 06 号试验的压强-时间曲线。如图所示,发动机点火压力峰 2.65 MPa,随着一次、二次进水的先后进入,燃烧室压强迅速爬升,点火延时 2.01 s,发动机点火成功,全过程工作正常。与 10 - 73 - 05 号试验相比,在更高的一次进水喷注压降下,燃烧室压强的爬升速率相当,点火延时仅相差 0.05 s。

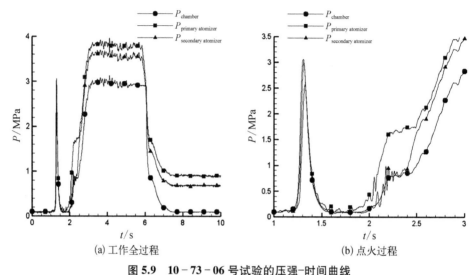

(a) 工作全过程   (b) 点火过程

图 5.9   10 - 73 - 06 号试验的压强-时间曲线

试验结果表明,当进水喷注压降超过一定值后,进一步增加喷注压降对提高发动机的点火性能效果不明显。

5.2.5   燃料金属含量的影响

通过提高水冲压发动机水反应金属燃料的金属含量能够达到提高其能量密度的目的,虽然这另一方面也意味着燃料中的氧化剂含量减少,增加了其自持燃烧的难度,但从上述采用 73 型燃料的试验结果看来,镁金属含量 73% 时燃料依然能够维持低压下的自持燃烧。另外,燃料中氧化剂含量减少也使得自持燃烧释放的热量和气体减少,从这个角度来看,提高金属含量可能不利于点火过程燃烧室压强的建立。

在前 6 次试验采用 73 型燃料确定了发动机基本工作条件对点火过程的影响基础上,本节采用 50 型燃料进行了发动机点火试验,试验编号 10 - 50 - 12。由于 50 型燃料自持燃烧能力更强,试验中将点火药质量降低为 0.067 kg;试验一次水燃比 0.8,二次水燃比 2.17;一次进水喷注压降约 0.84 MPa,二次进水喷注压降约 0.40 MPa;试验点火时序:首先发动机点火器点火,然后开启一次进水管路阀门,最后开启二次进水管路阀门。

图 5.10 是 10 - 50 - 12 号试验的压强-时间曲线。如图所示,发动机点火压力峰 1.21 MPa,随着一次、二次进水的先后进入,燃烧室压强逐步爬升,点火延时 5.87 s,发动机实现点火,全过程工作正常。参照 10 - 73 - 02 号试验,10 - 50 - 12 号试验一次水燃比、一次进水喷注压降与其相当,且点火时序相同,而试验点火延时是 10 - 73 - 02 号试验的近 2.5 倍。

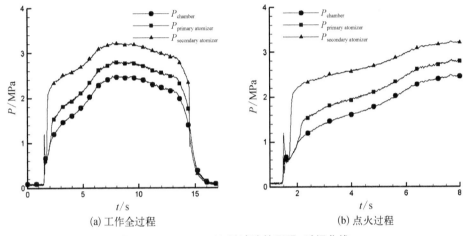

(a) 工作全过程　　　　　　　　(b) 点火过程

图 5.10　10 - 50 - 12 号试验的压强-时间曲线

就水反应金属燃料本身的自持燃烧能力而言,50 型燃料因氧化剂含量高而优于 73 型燃料,在无外加氧化剂的情况下,50 型燃料能够更加迅速地建立起燃烧室压强,然而在两次进水的条件下,10 - 50 - 12 号试验点火延时长于 10 - 73 - 02 号试验,由此可以判断:在发动机点火过程中,一次进水进入燃烧室后与燃料自持燃烧产生燃气流中的镁金属反应,反应释放氢气和大量的热,热量一方面可以反馈至燃面有助于燃料燃烧,另一方面能够使水加热蒸发,生成水蒸气充填自由容积,使燃烧室压强迅速升高,同时进一步提高燃速。因此,在保证水反应金属燃料正常燃烧的前提下,增加其镁金属含量能使更多的镁与水反应释放热量,有助于燃烧室压强的迅速爬升,提高发动机点火性能。

5.2.6　水冲压发动机点火过程与机理分析

5.2.6.1　发动机点火过程

水冲压发动机点火过程包括一系列相互耦合的子过程,为使发动机迅速可靠点火,必须对点火条件进行合理设计。通过以上试验研究,分析了点火能量、点火时序、水燃比、进水喷注压降和水反应金属燃料金属含量对发动机点火过程的影响规律。以所使用的73型燃料为基础,确定了两次进水的水冲压发动机的点火时序,即先触发点火器,再开启一次进水管路阀门,最后开启二次进水管路阀门。本小节以10-73-06号试验结果为例,如图5.11所示,根据正常点火时序下发动机内部子过程和燃烧室压强的变化规律,可将两次进水的水冲压发动机点火过程分为四个阶段。

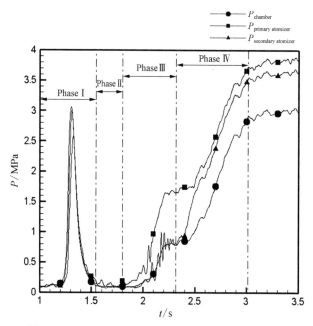

图 5.11　10-73-06 号试验的点火过程各阶段划分

第一阶段(Phase Ⅰ):燃料点燃延迟段,即从触发点火电信号到燃料开始燃烧所经历的时期。在此阶段,点火器接受电信号后爆炸,点火热能开始向燃料表面传播,该阶段所对应的时间称为点火器点火延时。点火器点火延时较短,一般在半秒内完成。

第二阶段(Phase Ⅱ):自持燃烧段,即从燃料点燃到一次进水开始进入燃烧室所经历的时期。在此阶段,火焰在整个燃料表面传播,燃料中的镁金属、氧化剂和黏合剂等在低压无水环境下发生自持燃烧。在正确的点火时序下,该阶段时间的长短通常由一次进水进入燃烧室的时刻决定,当一次进水进入时刻较早时,在燃烧室压强曲线上对应的自持燃烧段减短甚至消失,如10-73-03号试验。

第三阶段(Phase Ⅲ):一次水反应预燃段,即从一次进水进入燃烧室后到二次进水开始进入燃烧室之间的时期。在此阶段,一次进水经喷嘴雾化进入燃烧室,燃料自持燃烧产生的热量将部分一次进水加热蒸发,水蒸气与燃气流中镁金属掺混燃烧,释放的热将其余的一次进水蒸发,随着水蒸气对自由容积的充填,燃烧室逐步压强爬升并初步达到平衡。水冲压发动机点火设计中,必须为一次水反应预燃段留取足够的时间,使燃气流中的镁金属与一次进水的燃烧初步建立起来,否则将造成点火延时过长甚至点火失败,如 10 - 73 - 04 号试验。

第四阶段(Phase Ⅳ):二次水反应预燃段,即从二次进水进入燃烧室后到完成燃烧室充填过程达到燃烧室平衡压强所经历的时期。在此阶段,二次进水雾化后进入燃烧室,在一次水反应预燃产生的热作用下水滴蒸发产生大量水蒸气,部分水蒸气进一步与镁金属反应,在水蒸气的充填下,燃烧室压强继续爬升直至最终平衡压强。

5.2.6.2　发动机点火机理

水冲压发动机点火过程包括多种物理化学子过程,其中有的过程对于促进固相持续分解和气相反应的自持燃烧起着核心和关键作用,这些子过程称为整个点火过程的控制过程。参照固体火箭发动机原理,根据对控制过程理解不同,可将点火理论分为固相点火理论、气相点火理论和异相点火理论[152]。

固相点火理论又称点火的热理论[143],认为点火过程是由固相燃料内部的温度来控制的。燃料表面温升由外热流传热以及燃料表面层内的固相放热反应产生的热量引起,当表面温度达到某一临界温度或温升速率时,燃料即点燃,主要依靠固相反应形成自持燃烧。该理论不考虑气相放热和质量扩散以及非均相化学反应的作用,因此不包括环境条件对点火的影响。对于所包含黏合剂和氧化剂具有相近熔点的水反应金属燃料,点火延迟由惰性加热时间控制,此时适用固相点火理论控制点火过程。

气相点火理论认为,点火过程是由气化的燃料组分与气化的氧化剂组分及周围氧化剂气体之间的化学反应控制,气相反应放热又进一步加速点火过程,当气相温度和反应速率分布的变化达到某一临界值时,燃料点燃。气相反应速率取决于燃料燃气流和氧化剂气体的浓度和温度。气相点火理论考虑了环境气体的组成及压强对燃料点火特性的影响。对所包含黏合剂熔点远低于氧化剂熔点的燃料,其分解物与环境氧化剂的反应要比与氧化剂分解气体的反应早得多,在这种情况下适用气相点火理论控制点火过程[143]。

水冲压发动机在点火器引燃后需要经历自持燃烧段、一次水反应预燃段和二次水反应预燃段。由 10 - 73 - 02 号和 10 - 73 - 04 号试验结果可知,发动机点火后 73 型水反应金属燃料在低压无水和有水环境下都能维持自持燃烧,这表明燃料自持燃烧受环境条件影响较小。因此,研究中认为发动机点火过程的自持燃烧段由固相点火理论控制。

在燃料点燃后,水冲压发动机还需迅速平稳地经历一次、二次水反应预燃段后,发动机才实现最终的成功点火。试验研究中发现,水冲压发动机点火过程中燃烧室压强的爬升受点火时序和一次水燃比的影响较大,同时,根据 5.2.6.1 小节研究结果,水冲压发动机点火过程中,必须为一次水反应预燃段留取足够的时间,使燃气流中的镁金属与一次进水的燃烧初步建立起来,否则将造成点火延时过长甚至点火失败;而在二次水反应预燃段,二次进水雾化后进入燃烧室,在燃气流加热作用下水滴蒸发产生大量水蒸气,部分水蒸气与未燃烧完全的镁金属反应,在水蒸气的充填下,燃烧室压强继续爬升直至最终平衡压强。因此,研究中认为发动机点火过程的一次、二次水反应预燃段由气相点火理论控制。

综合以上分析,水冲压发动机点火过程中,其自持燃烧段由固相点火理论控制,一次、二次水反应预燃段由气相点火理论控制。

5.3　水冲压发动机内部燃烧过程研究

5.3.1　水冲压发动机燃烧过程理论分析

5.3.1.1　发动机热力计算方法

水冲压发动机热力计算是发动机设计和研究工作中的基本计算之一,是发动机理论性能计算的基础。从能量转换的角度来看,水冲压发动机实际上是通过燃烧室燃烧,将燃料的化学能转化为产物热能,燃烧产物再经过喷管膨胀,并从喷管高速排出产生推进功,热能最终转化为动能。针对发动机的这一工作过程,热力计算主要分为两部分:燃烧室燃烧过程的热力计算和喷管流动过程的热力计算[186]。

热力计算的基本假设:

(1) 燃烧产物处于相平衡,即一方面凝相物质表面存在的气相与凝相间保持平衡,且气相分压为该物质所处条件下的饱和蒸气压;另一方面空间内任意位置的凝相产物温度和气相产物温度相同,凝相产物速度和气相产物速度相同;

（2）燃烧产物满足化学平衡方程，即认为发动机内流动为平衡流，燃烧产物成分能完全适应发动机内压强、温度条件的变化，处处达到平衡，化学反应速率为无穷大；

（3）气相产物遵循理想气体状态方程；

（4）不考虑凝相布朗运动所产生的静压，不考虑凝相所占的体积；

（5）燃烧产物与燃烧室壁及其他部件没有热量交换，燃烧产物在燃烧室中的速度为零；

（6）燃烧产物在喷管中的流动是定常的一维等熵流动。

燃料与其燃烧产物之间满足质量守恒以及能量守恒，且根据化学平衡假设，各燃烧产物之间满足化学反应平衡条件，因此，在上述基本假设下，热力计算方程组如下。

（1）原子守恒方程，即燃料与燃烧产物所包含的各元素总原子数相等。

$$N_k = \sum_{j=1}^{N} A_{kj} n_j, \ k = 1, \ 2, \ \cdots, \ M \tag{5.1}$$

式中，k 是燃料中不同元素的编号；N_k 是 1 kg 燃料中含有 k 元素的摩尔原子数；n_j 是 1 kg 燃烧产物中含有编号为 j 的组分的摩尔数；A_{kj} 是 1 mol 的 j 组分中含有 k 元素的摩尔原子数。

（2）能量守恒方程，即燃料与燃烧产物所具有的能量相等。

$$\sum_{j=1}^{N} I_j(T) n_j(T, \ P) = \tilde{I}_p \tag{5.2}$$

式中，I_j 是 1 mol 的 j 组分在给定温度下的总焓；$\tilde{I}_p$ 是 1 kg 燃料的总焓。若给定压强 P，在上式只包含一个位置数 T，所以根据能量守恒方程，就可以求出在给定压强条件下燃料的绝热燃烧温度。

（3）化学平衡方程，即燃烧产物中离解反应与复合反应的速率相等。

$$\sum_{j=1}^{k} u_j \mathrm{d}n_j = 0 \tag{5.3}$$

式中，u_j 表示在等温等压条件下，只变化 j 组分的摩尔数而保持其他组分的摩尔数不变时，j 组分增加 1 mol 所引起系统自由能 G 的增量；u_j 称为 j 组分的化学位。

（4）等熵方程，即燃烧产物在喷管中流动是在各截面上的熵相等，并等于燃烧室中燃烧产物的熵。

$$\tilde{S}(P,\ T) = \tilde{S}_{oc} \tag{5.4}$$

式中,$\tilde{S}$ 是喷管任意截面上燃烧产物的熵;$\tilde{S}_{oc}$ 是喷管进口截面上燃烧产物的熵。

燃烧室热力计算是在给定燃料组成、水燃比和燃烧室压力条件下计算燃烧产物的成分、温度、热力特性(焓、熵、比热等),其计算过程只需运用前三组方程即可求解。喷管热力计算以燃烧室热力计算结果和喷管出口压力(或膨胀比)为初始数据,计算喷管喉部和出口处燃烧产物的成分、温度、热力特性,由于喷管中流动速度的引入使方程增加了一个未知量,这时计算过程中需加入等熵方程,采用四组方程求解。在完成以上热力计算的基础上,可进一步计算得到发动机性能参数(比冲等)的理论值。

5.3.1.2 水燃比对发动机性能的影响

在水冲压发动机工作过程中,燃料燃烧产物中的镁金属与水在燃烧室中掺混燃烧发生放热反应。相同燃烧室压强下,不同水燃比将导致燃烧室温度、燃烧产物组分及浓度的变化。因此,水燃比大小是决定镁金属燃烧进行程度的关键,是影响发动机性能的重要参数。

以 50 型水反应金属燃料为例,在燃烧室压强 2.5 MPa、且喷管为最佳膨胀比条件下,对水冲压发动机热力性能随水燃比的变化进行了计算。图 5.12 是燃烧室理论温度-水燃比曲线,燃烧室理论温度随着水燃比的增大呈先升高后降低趋势。水冲压发动机中镁金属与水发生放热反应,因此,研究中认为当绝热燃烧温度达到最高值时,理论上燃料完全反应,此时对应的水燃比为完全反应水燃比。如图 5.12 所示,水燃比为 0.5 时达到最高温度 2 339.82 K,即当前条件下完全反应水燃比为 0.5。

发动机实际工作过程中存在热离解、燃烧不完全、壁面散热和摩擦等损失,导致燃烧室实际温度总是低于理论温度,由 3.2.6 小节分析结果可知,镁颗粒以熔融液滴形式离开燃面进入燃烧室,且镁滴的着火温度为 1 100 K。为

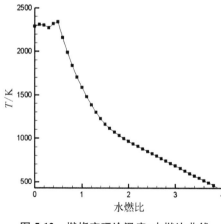

图 5.12　燃烧室理论温度-水燃比曲线

使进入燃烧室的镁滴迅速着火燃烧,镁滴周围燃烧室温度必须高于其着火温度。如图 5.12 所示,燃烧室理论温度 1 100 K 时对应的水燃比为 1.6,因此,理论上,水燃比低于 1.6 时镁滴才能够迅速着火。

图 5.13 是发动机理论比冲-水燃比曲线,发动机理论比冲随着水燃比的增大呈递增趋势,并在水燃比为 4.0 附近趋于稳定。研究中认为发动机理论比冲为最高值时发动机理论性能达到最优,如图 5.13 所示,当前条件下发动机理论性能最优时对应的水燃比为 4.0,该值远高于其完全反应水燃比 (0.5),这是由于如在镁金属与水充分反应后继续补水,水的蒸发吸热过程能够降低燃气温度,生成的水蒸气能够增加工质,经过喷管膨胀后可将更多的热能转化为动能。

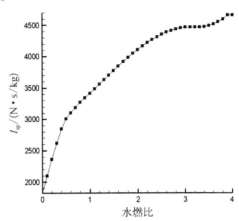

图 5.13　发动机理论比冲-水燃比曲线

综合以上分析,为使进入燃烧室的镁滴迅速着火,且发动机比冲性能达到最优,水冲压发动机补水过程可分多次进行。一次进水后燃烧室前部流场温度必须高于镁滴着火温度,这能使镁滴迅速着火,减少镁滴所需燃烧时间,缩短为满足镁滴充分驻留而设计的燃烧室长度,从而进一步提高发动机性能;其余各次进水用于提高燃烧室内镁滴运动路径周围的水蒸气浓度,使镁金属充分反应,未反应的水蒸气能够进一步增加发动机工质,提高发动机能量转化效率。

5.3.2　水冲压发动机内部燃烧过程试验研究

通过对水冲压发动机的燃烧过程理论分析可知,理论上,多次补水有利于提高发动机性能,燃烧室内镁滴燃烧主要分两步进行:第一步,镁滴与一次进水反应,使液滴迅速着火;第二步,后续补水使未燃烧完全的镁金属继续反应,未反应水蒸气用于增加发动机工质。为验证水冲压发动机内部燃烧过程,进行了一次进水与两次进水条件下的发动机直连试验研究,试验均采用 50 型水反应金属燃料,Ⅱ型试验发动机。

5.3.2.1　一次进水条件下发动机试验

在一次进水条件下发动机试验研究中,选取不同水燃比条件下的两次发动机试验进行讨论,试验编号 07-50-01 和 07-50-02,对应水燃比分别为 0.30 和 1.01。采用 II 型试验发动机,关闭其二次进水管路阀门,一次进水雾化采用离心式喷嘴,进水角度为 90°,试验发动机结构示意图如图 3.2 所示。采用 5.2.2 节中确认的点火时序,但考虑到无燃气发生器收敛段时一次进水流量增大可能对未燃燃料药面产生影响,07-50-02 号试验点火时机稍有提前。

图 5.14 是发动机一次进水条件下发动机试验现场录像截图,在稳定工作段,发动机尾焰为白色明亮火焰,这是由未完全反应的镁金属在空气中燃烧所致。试验后燃烧室内部和喷喉照片如图 5.15 所示,07-50-1 号试验后在燃烧室内观测到大量残渣,残渣结团严重并夹杂白色氧化镁颗粒,喷管喉部出现沉积;07-50-2 号试验后燃烧室内残渣明显减少,喷管喉部无明显沉积。由上节燃烧过程理论分析可知,50 型水反应金属燃料完全反应水燃比为 0.5,07-50-1 号试验中水燃比较低(0.30),燃料中的镁金属不能完全燃烧,且镁/水反应产气量低,发动机内部燃气流动速度小,难以将燃料燃烧的大量固体产物携带至喷管外,导致试验燃烧室内积聚大量残渣,自由容积减小,另外,未完全反应的镁在喷管喉部处冷凝后氧化形成沉积;07-50-2 号试验中水燃比增至 1.01,燃料中更多的镁金属参与燃烧,产气量升高使大部分固体产物喷出,燃烧室内残渣减少,未反应的镁金属减少以及燃气流的冲刷作用使喷管喉部氧化镁沉积量降低。

07-50-01号　　　　　07-50-02号

图 5.14　一次进水条件下发动机　　图 5.15　发动机试验后燃烧室
　　　　　试验现场录像截图　　　　　　　　　内部和喷喉照片

图 5.16 是 07 - 50 - 1 号和 07 - 50 - 2 号试验燃烧室压强-时间曲线。如图所示,发动机点火后,燃烧室压强迅速爬升,并逐步稳定。相比而言,07 - 50 - 1 号试验压强爬升较为缓慢,压强曲线增至峰值后稍有回落,然后维持稳定直至结束;07 - 50 - 2 号试验发动机燃烧室压强曲线较为平稳。在 07 - 50 - 1 号试验中,水燃比较小时燃料燃烧产气量、发动机喷射效率较低,同时燃烧产物结团、喉部沉积严重,这些都易造成喷管喉部出现间歇性拥堵等现象,燃烧室压强高于设计压强。

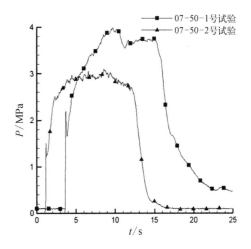

图 5.16 07 - 50 - 1 号和 07 - 50 - 2 号试验燃烧室压强-时间曲线

表 5.2 07 - 50 - 1 号和 07 - 50 - 2 号发动机试验结果

试验编号	喷管喉径 /mm	燃烧室压强 /MPa	一次水燃比	燃烧室温度峰值 /K	燃料燃速 /(mm/s)	理论特征速度 /(m/s)
07 - 50 - 01	11.0	3.70	0.30	1 367.20	14.26	1 366.17
07 - 50 - 02	14.0	2.84	1.01	607.86	15.54	1 175.97

试验编号	试验特征速度 /(m/s)	理论比冲 /(N·s/kg)	试验比冲 /(N·s/kg)	燃烧效率 /%	比冲效率 /%
07 - 50 - 01	1 242.11	2 714.30	1 529.28	90.92	56.34
07 - 50 - 02	958.09	3 467.93	2 603.37	81.47	75.07

表 5.2 是 07 - 50 - 1 号和 07 - 50 - 2 号发动机试验结果。在两次试验中,喷管喉径增大使燃烧室压强从 3.70 MPa 降低至 2.84 MPa;随着水燃比的升高,发动机一次进水质量增加,水蒸发吸热使燃烧室温度有所降低,蒸发生成的水蒸气能够增加工质,吸收的热能最终通过工质膨胀转化为动能;按照燃料燃速公式,燃烧室压强降低通常将导致燃速降低,而 07 - 50 - 02 号较 07 - 50 - 01 号试验燃速却有所升高,这反映出相比于水燃比 0.30 时,燃料中镁金属燃烧不充分,而水燃比增至 1.01 后,更多的镁金属参与燃烧且多余的水加热生成水蒸气,水蒸气

充填自由容积,燃烧室压强进一步升高,这一过程产生的热量和水蒸气都有利于燃料燃速的提升;在07-50-02号试验中,由于进水流量已经高于完全反应所需水流量,进水流量的增加造成发动机理论特征速度下降,多余的水虽然能使更多的镁金属参与燃烧,但大部分燃烧产生的热量用于加热其余的液态水,在热损失绝对值大小相当的情况下,发动机燃烧效率有所降低;水燃比增大使燃烧室内残渣减少并且工质增加,发动机喷射效率升高,最终使得发动机比冲和比冲效率都得到大幅提升。

综上所述,一次水燃比适量增大后,一方面燃料中更多的镁金属能够参与燃烧,镁/水反应产生热量和水蒸气有利于提高燃料燃速;另一方面多余的水蒸发产生水蒸气增加工质,有利于增加喷射效率,提高发动机比冲性能。

5.3.2.2　两次进水条件下发动机试验

在一次进水条件下发动机试验的基础上,进行了更高水燃比的两次进水条件下发动机试验研究,选取编号08-50-18号试验进行讨论。采用Ⅱ型试验发动机,一次、二次进水管路在试验过程中都将开启,两次进水雾化均采用离心式喷嘴,其中一次、二次进水角度均为90°,本次试验未对燃烧室进行测温,试验发动机结构示意图如图3.2所示。

图5.17是两次进水条件下发动机试验现场录像截图,在稳定工作段时,发动机尾焰明亮程度与一次进水条件下的试验现象相比(图5.5)明显减弱,同时尾气中含有大量白色水蒸气,这一现象表明燃料中镁金属燃烧更加充分,部分未反应的水在燃烧室内吸热蒸发后作为工质排出。水燃比增大后燃料燃烧产气量以及工质都大幅增加,使燃气流动速度增大,气流冲刷作用将更多固体产物携带

图5.17　两次进水试验现场录像截图

喷出,发动机喷射效率增大,另外,镁金属更加充分的燃烧也进一步减少了镁在喉部的沉积,图 5.18 是 08 – 50 – 18 号试验后发动机内部照片,试验后燃烧室内只有少量残渣,喷管喉部无明显沉积。

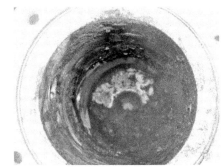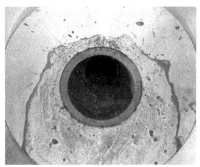

图 5.18　两次进水发动机试验后燃烧室内部和喷喉照片

图 5.19 是 08 – 50 – 18 号试验燃烧室压强-时间曲线,其压强爬升段长于 07 – 50 – 02 号试验爬升段,这是由于在一次进水后镁/水燃烧的基础上,二次进水的加入伴随大量水的吸热蒸发过程,生成的水蒸气进一步充填燃烧室使燃烧室压强升高,相比于一次进水条件下的 07 – 50 – 02 号试验,水的蒸发过程需要吸收更多的燃烧反应热,致使发动机内燃烧达到平衡所需要的时间增长。

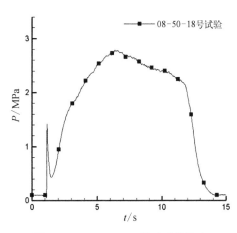

图 5.19　08 – 50 – 18 号试验燃烧室压强-时间曲线

表 5.3 是 08 – 50 – 18 号发动机试验结果。本次试验一次水燃比与 07 – 50 – 02 号试验一次水燃比相当,二次进水的加入使发动机燃烧效率和比冲效率分别增至 83.22% 和 77.03%,这表明二次进水有利于镁金属充分燃烧,这与图 5.17 观测到的尾焰明亮程度减弱现象结论一致。在 07 – 50 – 02 号试验中,其一次水燃比虽已高于当前条件下完全反应水燃比(0.5),但是要达到镁金属完全燃烧还必须满足镁滴在燃烧室内的驻留时间大于其完全燃烧所需时间。作为扩散控制的气相燃烧,镁/水燃烧速率与镁滴周围环境中水蒸气浓度密切相关,在一次进水条件下的发动机试验中,随着镁/水反应的进行,环境中水蒸气浓度逐渐

减小,燃烧速率也逐渐降低,燃烧时间增长。因此,在 08 - 50 - 18 号试验中,二次进水的加入有利于提高镁滴运动路径上水蒸气浓度,提高镁金属燃烧效率,而未反应的水将转化为气相工质,有利于将更多的化学反应热能转化为排气动能,进一步提高发动机比冲。

表 5.3 08 - 50 - 18 号发动机试验结果

试验编号	喷管喉径/mm	燃烧室平均压强/MPa	一次水燃比	二次水燃比	总水燃比	燃料燃速/(mm/s)
08 - 50 - 18	17.0	2.50	1.04	1.76	2.80	14.18

试验编号	理论特征速度/(m/s)	试验特征速度/(m/s)	理论比冲/(N·s/kg)	试验比冲/(N·s/kg)	燃烧效率/%	比冲效率/%
08 - 50 - 18	815.15	678.38	4 414.69	3 400.65	83.22	77.03

5.3.3 水冲压发动机内部燃烧过程数值分析

5.3.3.1 一次进水条件下发动机数值模拟

本书在 4.4 节中对两次进水条件下的镁基水冲压发动机内部燃烧过程进行了数值模拟,为方便对比分析,本节在进行一次进水条件下发动机数值模拟时将在之前算例的基础上关闭其二次进水。发动机燃烧室结构及壁面网格如图 4.18、图 4.19 所示,燃气入口、一次进水口等边界条件设置如 4.4.2.2 小节所述。

图 5.20、图 5.21 分别是一次进水条件下燃烧室内镁滴温度及镁滴中镁金属质量沿轨迹变化。在高温燃气流以及镁滴表面氧化作用下,镁滴温度逐步升高,当达到着火温度 1 100 K 时,镁滴表面氧化膜破裂,并从表面氧化阶段过渡到气

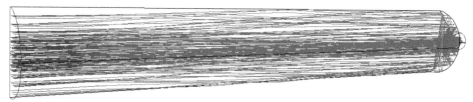

图 5.20 一次进水条件下燃烧室内镁滴温度沿轨迹变化(单位: K)

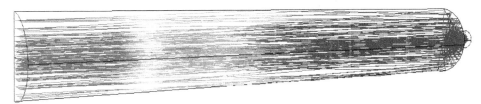

图 5.21　一次进水条件下燃烧室内镁滴中镁金属质量沿轨迹变化(单位: kg)

相燃烧阶段,着火后镁滴温度迅速升高到沸点温度 1 910 K;镁滴进入燃烧室后,其包含的镁金属质量逐步减小,着火后其减小速度进一步加快,在二次进水口之前,大部分镁滴已完全燃烧,镁滴中的镁金属完全转化为氧化镁。图 5.22 是燃烧室内气相镁蒸气质量分数分布,镁滴着火后其气相燃烧过程伴随着镁滴的蒸发,使得大部分镁蒸气集中于燃烧室的前半部流场。

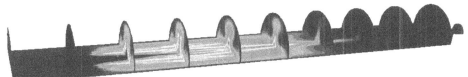

图 5.22　一次进水条件下燃烧室内气相镁蒸气质量分数分布

图 5.23、图 5.24 分别是一次进水条件下燃烧室内水滴质量沿轨迹变化和气相水蒸气质量分数分布,一次进水经过喷嘴雾化后进入燃烧室,水滴在高温燃气

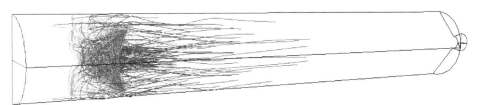

图 5.23　一次进水条件下燃烧室内水滴质量沿轨迹变化(单位: kg)

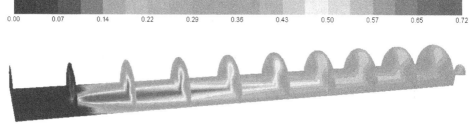

图 5.24 一次进水条件下燃烧室内气相水蒸气质量分数分布

流作用下迅速完全蒸发,在一次进水口附近的燃烧室中心区域水蒸气质量分数较高,随着镁/水反应的进行,水蒸气含量有所减小,在燃烧室后半部水蒸气的质量分数下降到 0.35 左右并趋于稳定。

图 5.25、图 5.26 分别是一次进水条件下燃烧室内气相镁/水反应速率分布和流场温度分布,镁/水燃烧集中在一次进水后燃烧室中心区域,镁蒸气与水蒸气混合后反应迅速进行,流场中镁蒸气逐步消失;一次进水进入燃烧室后蒸发吸热,致使燃烧室温度下降,之后伴随着镁/水燃烧的进行,流场温度逐步升高,在燃烧室后半部温度趋于稳定。

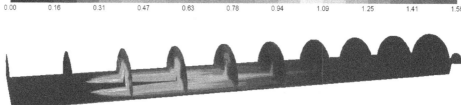

图 5.25 一次进水条件下燃烧室内气相镁/水反应速率分布[单位: $kg \cdot mol/(m^3 \cdot s)$]

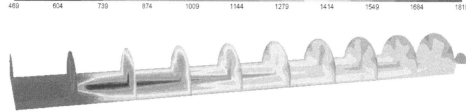

图 5.26 一次进水条件下燃烧室内流场温度分布(单位: K)

　　综合以上分析,一次进水条件下,燃烧室内镁蒸气与水蒸气在一次进水后的中心区域质量分数较高,致使镁/水反应主要集中在这一区域;随着镁滴燃烧的进行,气相水蒸气含量也逐步减少,在燃烧室后半部水蒸气质量分数趋于稳定;流场温度伴随镁/水燃烧的进行逐步升高,在燃烧室后半部流场温度趋于稳定,气相工质最终以较高温度从喷管排出表明发动机的热功转化效率较低。

5.3.3.2　两次进水条件下发动机数值模拟

　　4.4 节中已对两次进水条件下的镁基水冲压发动机内部燃烧过程进行了数值模拟,结果显示:在高温燃气流以及镁滴表面氧化作用下,镁滴温度逐步升高,当达到着火温度时,表面氧化膜破裂,镁滴从表面氧化阶段过渡到气相燃烧阶段;在二次进水口之前,镁滴中的镁金属已完全转化为氧化镁,镁滴着火后其气相燃烧过程伴随着镁滴的蒸发,使得大部分镁蒸气集中于燃烧室内的前半部流场;一次进水较二次进水更为迅速地蒸发完毕,一次进水使得燃烧室前部中心区域集中大量水蒸气,之后随着镁/水反应的进行,水蒸气质量分数逐渐减少,但二次进水的进入使水蒸气含量迅速升高,在燃烧室后半部水蒸气的质量分数上升到 0.80 左右;对于燃烧室内流场温度变化,一次进水蒸发吸热使内流场温度下降,但镁滴着火燃烧后放热,使得流场温度逐步回升,生成的高温燃气流进一步加热二次进水,而其蒸发吸热过程则再次致使流场温度下降。

　　需要指出的是,在上述数值模拟中燃气入口处镁滴的初始粒径设置为水反应金属燃料中镁颗粒的平均粒径。在实际燃料中,镁颗粒粒径虽然主要分布在平均粒径附近,但仍存在一定分布范围,为 20 μm～1 mm,因此数值模拟结果反映的是大多数镁滴随轨迹的变化规律。在实际发动机内部燃烧过程中,对于大于平均粒径的镁滴,由于自身质量和体积的增大,其着火前氧化阶段的升温速率会减缓,而着火后燃烧时间会增长,图 5.27 是 1 mm 粒径镁滴的温度沿轨迹变

| 850 | 853 | 855 | 858 | 861 | 863 | 866 | 869 | 871 | 874 | 877 |

图 5.27　1 mm 粒径镁滴的温度沿轨迹变化(单位:K)

化,如图所示,镁滴温度在到达喷管之前始终未达到着火温度。对于大于平均粒径的镁滴而言,大部分镁滴将持续燃烧到二次进水口之后,根据扩散控制的气相燃烧特性,二次进水使水蒸气质量分数升高后将有利于这部分镁滴进一步反应;而少量大粒径镁滴甚至持续到喷管出口处也未能着火,这部分镁滴喷出后将于空气中的氧气燃烧产生明亮火焰,这一现象在5.3.2小节的发动机试验中得到了验证。

综合以上分析,两次进水条件下,燃烧室镁蒸气与水蒸气同样在一次进水后的中心区域质量分数较高,镁/水反应主要集中在这一区域;一次进水后,随着镁滴燃烧的进行,气相水蒸气含量逐步减少,但二次进水的进入使水蒸气含量迅速升高,这有利于未燃烧完全的较大镁滴进一步反应;流场温度伴随镁/水燃烧的进行逐步升高,二次进水后水蒸发吸热产生大量水蒸气,流场温度下降,气相工质增加,喷管出口温度较低表明发动机的热功转化效率较高。

5.3.4 水冲压发动机分区燃烧模型

水冲压发动机工作过程包括水反应金属燃料自持燃烧、水的雾化与蒸发、燃气流与水的掺混及流动、镁/水燃烧等物理化学过程,各子过程的相互耦合构成了发动机内部的多相湍流燃烧过程。通过发动机燃烧过程理论分析、直连试验和数值模拟分析,获得了水冲压发动机内部燃烧特性。

发动机补水过程分两次或多次进行,有利于燃烧室内的镁滴迅速着火并且充分燃烧,提高发动机热功转化效率,使发动机比冲性能达到更优。一次进水后燃烧室前部流场温度必须高于镁滴着火温度,这能使镁滴迅速着火,减少镁滴完全燃烧时间,缩短为满足镁滴充分驻留而设计的燃烧室长度,进一步提高发动机性能;一次水燃比适量增大后,燃料中更多的镁金属能够参与燃烧,镁/水反应释放的热量和水蒸气,有利于提高燃料燃速,促进燃烧;燃烧室内镁/水反应主要集中在一次进水后的中心区域;一次进水后,随着镁滴燃烧的进行,气相水蒸气含量逐步减少,但二次进水的进入使水蒸气含量迅速升高,对于扩散控制的镁/水反应而言,这有利于未燃烧完全的较大镁滴进一步反应;流场温度伴随镁/水燃烧的进行逐步升高,二次进水后水蒸发吸热产生大量水蒸气,流场温度下降,气相工质增加,喷管出口温度较低表明发动机的热功转化效率较高。

综合以上特性,针对两次进水的镁基水冲压发动机建立了发动机分区燃烧模型,该模型将发动机内部的燃烧过程分为三个区域:自持燃烧区、一次水反应区和二次水反应区,图5.28是以燃烧室轴对称面流场温度分布表示的镁基水冲压发动机内部燃烧过程分区示意图。

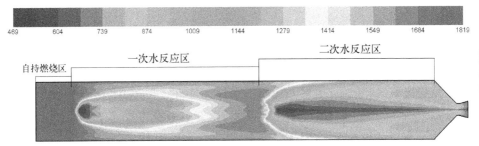

图 5.28　镁基水冲压发动机内部燃烧过程分区示意图

自持燃烧区是指燃烧室内从燃料燃面到一次进水口附近的区域。在自持燃烧区,水反应金属燃料燃烧产生的燃气流携带着熔融镁滴进入燃烧室,镁滴表面覆盖着氧化膜,由于两相流中存在温度滞后现象,在水反应金属燃料燃面镁滴温度低于气相流场温度;周围环境中气相水蒸气含量很少,镁滴主要发生表面氧化反应,镁滴温度在燃气流加热及氧化放热作用下逐步升高;少量达到着火温度的镁滴率先着火,表面氧化膜破裂,镁滴从表面氧化阶段过渡到气相燃烧阶段。

一次水反应区是指燃烧室内一次进水口附近与二次进水口附近之间的区域。在一次水反应区,一次进水经喷嘴雾化后向燃烧室中心喷射,水滴在燃气流加热作用下迅速蒸发,致使燃烧室一次进水口附近的中心区域气相水蒸气浓度较高,流场温度较低;大多数镁滴相继着火并释放热量,镁/水燃烧由扩散过程控制并在气相中进行,在一次进水口附近靠近燃烧室壁面区域气相镁蒸气浓度和流场温度较高;随着镁/水蒸气的混合,燃烧逐步加剧,大部分镁金属反应完全,气相流场中镁、水蒸气浓度减小,流场温度升高。一次进水主要用于使镁滴在该区域能够快速着火并充分燃烧。

二次水反应区是指燃烧室内从二次进水口附近到喷管之前的区域。在二次水反应区,二次进水的进入使燃烧室气相水蒸气浓度迅速升高,流场温度降低;少数未燃烧完全的镁滴进一步与水蒸气反应,气相镁蒸气浓度很小;大部分水滴在到达喷管之前完全蒸发,水蒸气将作为工质从喷管排出产生推力。二次进水主要用于提供发动机工质,并使未燃烧完全的镁滴进一步反应。

5.4　小结

为掌握发动机的内部工作原理,实现发动机的持续、平稳燃烧,本章对镁基水冲压发动机的点火与内部燃烧过程进行了研究,主要工作和结论如下。

（1）针对高金属含量镁基水冲压发动机的点火启动问题,通过直连试验研究,掌握了点火能量、点火时序、水燃比、进水喷注压降和燃料金属含量对发动机点火过程的影响规律。试验发现,在其他条件满足点火需求的情况下,采用73型水反应金属燃料,在点火压力峰低于 1.19 MPa 时,点火能量不足以使发动机成功点火;试验发动机按照先触发点火器,再开启一次进水管路阀门,最后开启二次进水管路的点火时序时,发动机能够迅速点火;一次、二次进水的进入都将引起燃烧室压强的升高,但一次水燃比过大将造成点火延时增长,不利于发动机迅速点火,而二次水燃比在一定范围内变化对发动机点火过程燃烧室压强爬升速率影响不大;当进水喷注压降超过一定值后,进一步增加喷注压降对提高发动机的点火性能效果不明显;在保证水反应金属燃料正常燃烧的前提下,镁金属含量增加,致使更多的镁与水反应释放热量,有助于燃烧室压强的迅速爬升,提高发动机点火性能。

（2）确定了高金属含量镁基水冲压发动机点火过程的变化规律及控制机理。在正常的点火时序下,根据发动机内部子过程和燃烧室压强的变化规律,将发动机点火过程分为四个阶段:燃料点燃延迟段、自持燃烧段、一次水反应预燃段和二次水反应预燃段;在点火理论方面,根据试验结果分析,发动机点火过程的自持燃烧段由固相点火理论控制,而一次、二次水反应预燃段由气相点火理论控制。

（3）通过发动机理论分析、直连试验和数值模拟分析,获得了两次进水的镁基水冲压发动机性能特点和流场特性。两次进水的水冲压发动机性能高于一次进水的水冲压发动机性能;一次进水后燃烧室前部流场温度必须高于镁滴着火温度,以实现镁滴迅速着火,减少镁滴所需燃烧时间,进一步提高发动机性能;二次进水能够提高燃烧室内镁滴周围的水蒸气浓度,有利于镁金属充分反应,多余水蒸气能够进一步增加发动机工质,提高发动机能量转化效率。

（4）根据两次进水的镁基水冲压发动机内部燃烧过程,建立了发动机分区燃烧模型。该模型将发动机内部的燃烧过程分为三个区域:自持燃烧区、一次水反应区和二次水反应区。一次进水主要用于使一次水反应区的镁滴快速着火并充分燃烧;二次进水则主要用于提供发动机工质,并使未燃烧完全的镁滴进一步反应。

第 6 章

镁基水冲压发动机内部燃烧组织方法研究

6.1 引言

水冲压发动机内部燃烧属于复杂的多相湍流燃烧,其中包含一系列相互耦合的子过程,本书通过第 5 章的研究,获得了持续、平稳工作条件下发动机点火与燃烧过程的特性与规律。在此基础上,为使发动机达到更高性能,需要掌握各主要参数对其内部燃烧过程的影响规律,进一步对燃烧过程进行组织。发动机的内部燃烧组织过程,即是其主要结构参数和工作参数的设计过程,通过合理选择发动机燃烧室长度、进水距离、进水角度及水燃比等参数,达到对水反应金属燃料自持燃烧、燃气流与水的掺混及流动、水的雾化与蒸发及镁/水燃烧等过程的控制和调节,以实现发动机的性能优化。

在水冲压发动机设计中,需要根据鱼雷总体提出的技术指标,确定发动机的结构参数和工作参数。这一设计过程包括:发动机结构形式的选择,水反应金属燃料类型与质量的选取,发动机设计工况的确定,燃烧室直径与长度、进水距离与角度及喷管喉径的设计,水燃比分配及喷嘴的选取等。

基于本书中所采用的镁基水反应金属燃料,相比于一次进水形式,两次进水的水冲压发动机性能更优,目前水冲压发动机研究主要是基于这一结构形式展开。水反应金属燃料类型和质量直接影响着燃烧产生的热能和持续的时间,其选取通常是由鱼雷总体对发动机提出的总冲要求和水反应金属燃料自身特性共同决定。设计工况是指水冲压发动机稳定工作段各主要工作参数的设计值,它包括发动机巡航速度、深度及内部燃烧室压强和总水燃比等;巡航速度、深度是由鱼雷总体提出,两参数值共同决定着发动机来流总压大小;燃烧室压强等于来流总压减去进水管路总压损失,其变化不仅会改变燃气流中各组分的热力性质,同时还影响着扩散控制的镁/水燃烧速率;总水燃比通常选择为当前条件下发动机达到最优性能时的水燃比,其大小直接决定着镁/水掺混燃烧的比例。

燃烧室直径与长度同样受到鱼雷总体的限制,燃烧室越短则发动机结构质量越小,这有利于提高发动机有效载荷,但另一方面,为使镁/水达到充分燃烧,燃烧室长度还必须满足大部分镁滴在燃烧室内的驻留时间大于镁滴所需燃烧时间。根据第5章确认的发动机分区燃烧模型,水冲压发动机的进水距离与角度、水燃比及其分配,以及喷嘴的进水雾化特性等参数的变化都将对发动机内部燃烧过程造成影响,因此这些参数的设计与选择对控制和调节发动机内部燃烧过程,实现发动机内部燃烧组织具有重要意义。

为掌握镁基水冲压发动机内部燃烧组织方法,进一步提高发动机性能,本章建立了燃烧室长度、进水距离及水燃比的设计方法,通过数值模拟和直连试验方法,对不同条件下的发动机内部燃烧过程进行对比分析,以获得燃烧室长度及进水距离、进水角度、水燃比及其分配和进水雾化特性对发动机性能的影响规律,并通过发动机直连试验,验证发动机燃烧组织方法。

6.2 燃烧室长度及进水距离对发动机内部燃烧过程的影响规律

6.2.1 燃烧室长度及进水距离设计

6.2.1.1 燃烧室特征长度

水冲压发动机中,燃料的燃烧、水的雾化与蒸发及组分间的掺混与燃烧等物理化学过程都在燃烧室中进行,燃烧室长度必须使燃料燃气流在其中有足够的驻留时间,确保燃气流中的镁/水完全混合和燃烧。然而,增大燃烧室长度也将导致发动机结构质量和体积增加,因此需要对发动机燃烧室结构进行合理设计。水冲压发动机中燃料燃气流所需的驻留时间与镁/水燃烧速率密切相关,在第2章研究中确认了镁/水燃烧属于扩散控制的气相燃烧,镁滴、水滴的蒸发过程以及组分间的混合过程是燃烧速率的主要控制过程,同时也影响着燃烧室长度和进水距离的选择。

在成熟的固体火箭发动机设计过程中,发动机壳体形状通常由装药形状和飞行器对长度或直径的限制来确定,形状包括细长的圆柱形到球形或类球形等。水冲压发动机中通常采用圆柱形端燃药柱,考虑到加工难度和鱼雷总体的要求,目前发动机燃烧室采用圆柱形结构[187]。燃烧室特征长度 L^* 是与燃烧室容积和

完全燃烧所需驻留时间有关的一个常用参数,其定义为燃烧室容积 V_c 与喷管临界喉部面积 A_t 之比:

$$L^* = \frac{V_c}{A_t} \tag{6.1}$$

理论上所需的燃烧室容积 V_c 可以表示为喷管出口质量流率 $\dot{m}$、平衡温度下的比容 v 及完全燃烧所需驻留时间 τ_s 的函数[186]:

$$V_c = \dot{m} v \tau_s \tag{6.2}$$

水冲压发动机工作过程中,燃烧室内压强随时间变化较小,如图 6.1 所示的某次试验中发动机燃烧室内前部和后部的压强时间曲线。因此在燃烧室内零维流动假设下,引入理想气体状态方程和水反应金属燃料特征速度 c^* [151]:

$$P_c = \rho_c R_c T_c \tag{6.3}$$

$$c^* = \frac{P_c A_t}{\dot{m}} \tag{6.4}$$

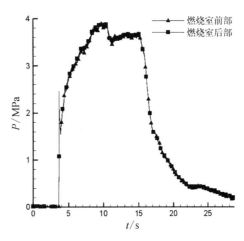

图 6.1　水冲压发动机试验燃烧室前部和后部压强曲线

式中, R_c、T_c 是燃烧室中燃气气体常数和平衡温度。将式(6.2)、式(6.3)和式(6.4)代入式(6.1),得到水冲压发动机燃烧室特征长度 L^*:

$$L^* = \frac{V_c}{A_t} = \frac{R_c T_c \tau_s}{c^*} \tag{6.5}$$

6.2.1.2　燃烧室长度及进水距离

在第 5 章的镁基水冲压发动机内部燃烧过程研究中确认了发动机分区燃烧模型,该模型中将发动机内部燃烧分三个区域进行:自持燃烧区、一次水反应区和二次水反应区,且一次进水主要用于使一次水反应区的镁滴快速着火并充分燃烧;二次进水则主要用于提供发动机工质,并使未燃烧完全的镁滴进一步反应。因此,在进行燃烧室长度和进水距离设计时遵循以下准则。

(1)在自持燃烧区域,为确保水反应金属燃料在高温环境中稳定燃烧,必须确保没有低温液态水或水蒸气从一次进水口喷至燃面,一次进水距离应使一次进水在喷至燃料初始燃面前已完全蒸发。由于水滴蒸发后的水蒸气动量远小于周围燃气流动量,近似认为水滴蒸发后产生的水蒸气速度与周围燃气流速度相等。

(2) 二次进水口在一次水反应区之后,二次进水距离应使二次进水口之前大部分镁滴已完全燃烧。

(3) 大部分二次进水在二次水反应区转化为发动机工质,燃烧室长度应保证在喷管之前大部分水滴已完全蒸发。

水冲压发动机燃烧室结构简图如图 4.2 所示。燃烧室横截面积 A_b 通常由鱼雷总体提供,于是燃烧室长度 L_c 可表示为

$$L_c = \frac{L^* \cdot A_t}{A_b} = \frac{R_c T_c \tau_s}{c^*} \cdot \frac{A_t}{A_b} \tag{6.6}$$

式中,R_c、T_c、c^* 可通过发动机热力计算得到。

按照燃烧室长度和进水距离设计准则,应保证一次进水在喷至燃料初始燃面前已完全蒸发,于是以一次进水喷射速度 V_1、一次进水角度 β、燃气流速度 V_g 及其雾化水滴蒸发时间 τ_{s1} 为依据,并考虑发动机燃烧效率的影响,引入热损失修复系数 φ,计算一次进水距离 L_1:

$$L_1 = (V_1 \sin\beta - V_g)\tau_{s1}/\varphi \tag{6.7}$$

式中,V_1 通过试验测得;V_g 由理论计算获得;$\varphi = 1$ 时为不考虑热损失的理想状态。

在设计二次进水距离 L_2 时,以式(6.6)为基础并考虑热损失,取式中 τ_s 为水反应金属燃料中镁金属燃烧寿命 τ_{s0},得到二次进水距离计算式:

$$L_2 = \frac{R_c T_c \tau_{s0}}{c^*} \cdot \frac{A_t}{A_b} \cdot \frac{1}{\varphi} \tag{6.8}$$

同理计算二次进水口到喷管入口横截面距离 L_3:

$$L_3 = \frac{R_c T_c \tau_{s2}}{c^*} \cdot \frac{A_t}{A_b} \cdot \frac{1}{\varphi} \tag{6.9}$$

式中,τ_{s2} 为二次进水流雾化后的水滴蒸发寿命。于是,得到燃烧室长度 L_c:

$$L_c = L_2 + L_3 \tag{6.10}$$

在不考虑燃烧,高温环境下液滴有相对运动时,采用 $D^{3/2}$ 定律计算液滴蒸发寿命 t_d:

$$t_d = D_0^{3/2}/K \tag{6.11}$$

$$K = 1.8 \frac{\rho_g}{\rho_l} D \left(\frac{u}{\nu_g} \right)^{0.5} \frac{B_q}{(1 + B_q)^{0.74}} \tag{6.12}$$

式中, D_0 是液滴初始粒径; K 是蒸发常数; ρ_g 是介质气体密度; ρ_l 是液滴密度; D 是液滴蒸气与介质气体之间的扩散系数; u 是液滴对于介质气体的相对速度; ν_g 是介质气体运动学黏性系数; B_q 是斯波尔丁数。 图 6.2 是在燃烧室设计压强 2.5 MPa 和理论绝热燃烧温度条件下,镁滴、水液滴蒸发寿命-初始粒径变化曲线。在水冲压发动机燃烧室中,雾化水滴所需蒸发时间远小于镁滴完全燃烧所需时间。

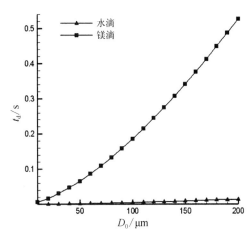

图 6.2　镁滴、水滴蒸发寿命-初始粒径变化曲线

在制备水反应金属燃料时,常加入不同粒级的镁颗粒以增大填充密度、提高工艺性能,其粒径分布范围通常在几十微米到几百微米之间,其平均粒径一般在 150 μm 左右[142]。两次进水在经过喷嘴雾化后,水滴平均粒径通常在 100 μm 左右。如图 6.2 所示,镁滴蒸发时间能够达到水滴蒸发时间的几十到上百倍,研究中根据第二章研究结果采用修正的 D^2 定律计算镁滴燃烧寿命 τ_{s0}。

6.2.1.3　设计实例

在燃烧室压强 2.5 MPa、总水燃比 3.0、一次水燃比 0.8 的设计工况下,对采用 50 型水反应金属燃料的镁基水冲压发动机燃烧室长度及进水距离进行了设计。根据所采用的试验喷嘴,两次进水雾化后水滴平均粒径为 100 μm,50 型水反应金属燃料中镁颗粒平均粒径为 150 μm[142],发动机一次进水角度为 45°。依据式(2.16)、式(6.11)分别计算镁滴寿命 τ_{s0} 及一次、二次进水雾化后水滴寿命 τ_{s1} 和 τ_{s2},依据式(6.7)~式(6.9)计算 L_1、L_2 和 L_3。表 6.1 是发动机燃烧室长度及进水距离设计结果,其中,一次、二次进水雾化后水滴寿命 τ_{s0} 和 τ_{st} 的差异是由燃烧室内不同区域温差引起的。

表 6.1 燃烧室长度及进水距离设计结果

τ_{s0}/ms	τ_{s1}/ms	τ_{s2}/ms	L_1/mm	L_2/mm	L_c/mm
38.8	5.47	20.06	72.67	358.12	524.72

6.2.2 不同进水距离的数值模拟研究

水冲压发动机工作过程中,主要通过镁/水燃烧将水反应金属燃料的化学能转化为热能,再以水蒸气作为主要工质将燃烧热能最终转化为发动机动能,本章在数值分析过程中综合采用镁滴着火率、燃烧率和水滴蒸发率来评价发动机中镁/水之间的掺混燃烧效果。参照文献定义镁滴着火率为燃烧室任意横截面内达到着火温度的镁滴数量与该截面上镁滴总数之比,其计算式为

$$P_i = \frac{n_i}{n} \times 100\% \qquad (6.13)$$

式中,P_i 是某横截面内的镁滴着火率;n_i 是该横截面内达到着火温度的镁滴数量;n 是该横截面内的镁滴总数。镁滴燃烧率是指燃烧室内除去着火前被氧化的以及未反应的镁金属,实际发生镁/水气相燃烧的镁蒸气流量与入口镁滴总流量之比,其计算式为

$$P_{Mg} = \frac{\dot{m}_{Mg,0}}{\dot{m}_{Mg}} \times 100\% \qquad (6.14)$$

式中,P_{Mg} 是镁滴燃烧率;$\dot{m}_{Mg,0}$ 是发生镁/水气相燃烧的镁蒸气流量;$\dot{m}_{Mg}$ 是进入燃烧室的镁滴总流量。水滴蒸发率为燃烧室内已经蒸发的水流量与入口总水流量之比,其计算式为

$$P_w = \frac{\dot{m}_{w,0}}{\dot{m}_w} \times 100\% \qquad (6.15)$$

式中,P_w 是水滴蒸发率;$\dot{m}_{w,0}$ 是燃烧室内已经蒸发的水流量;$\dot{m}_w$ 是进入燃烧室的总水流量。

6.2.2.1 一次进水距离的影响

根据发动机分区燃烧模型,在水反应金属燃料燃面附近的自持燃烧区,镁金属主要以熔融液滴形式存在,其表面覆盖氧化膜,大部分镁滴温度低于着火温度;镁滴主要发生表面氧化反应,镁滴温度在燃气流加热及氧化放热作用下逐步升高,自持燃烧区维持高温有利于镁滴的迅速升温着火及水反应金属燃料燃速

的稳定。一次进水口位于自持燃烧区尾部,其雾化水滴进入燃烧室后吸热蒸发生成水蒸气,而自持燃烧区中水蒸气的出现一方面可以与率先达到着火温度的镁滴发生燃烧放热,促进当地温度的升高,但另一方面较低温度的水蒸气也可能使当地高温燃气流冷却降温,不利于镁滴的迅速着火。

　　为讨论镁基水冲压发动机燃烧组织过程中一次进水距离的影响,本节对一次进水距离分别为 50 mm、100 mm 和 160 mm 时发动机内部燃烧过程进行数值模拟分析,各算例主要参数设置如表 6.2 所示。其中,一次进水距离为 160 mm 时算例采用 4.4 节中两次进水条件下 10 - 50 - 12 号试验发动机内部燃烧计算结果,且二次进水距离为 542 mm,以此为基础且在其他条件不变的情况下,通过变换一次进水距离得到 50 mm 和 100 mm 时的数值计算结果。发动机燃烧室壁面网格如图 4.19 所示,燃气入口、一次进水口及二次进水口等其他边界条件设置如 4.4.2.2 小节所述。

表 6.2　不同一次进水距离的数值模拟算例设置

算　　例	一次进水距离/mm
Case 01	50
Case 02	100
Case 03	160

　　图 6.3 是不同一次进水距离时燃烧室内镁滴温度沿轨迹变化,为清晰显示

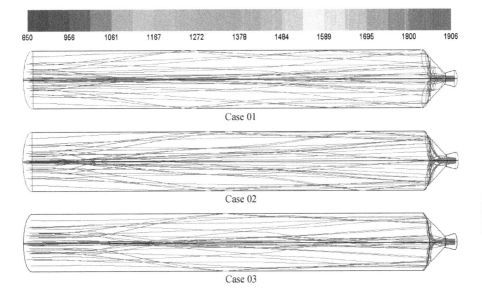

Case 01

Case 02

Case 03

图 6.3　不同一次进水距离时燃烧室内镁滴温度沿轨迹变化(单位: K)

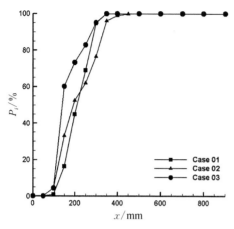

图 6.4 不同一次进水距离时燃烧室内
镁滴着火率沿轴向变化

镁滴温度变化,本章图示离散相轨迹均来自随机选取的部分轨迹。镁滴进入燃烧室后其自身温度沿路径逐步升高,当温度达到着火温度 1 100 K 时,镁滴着火且温度迅速升至当前条件下的沸点 1 906 K;一次进水距为 160 mm 时镁滴实现全部着火经过的距离最短,一次进水距离为 50 mm 和 100 mm 时,镁滴着火所需要的距离稍有增长。图 6.4 是不同一次进水距离时燃烧室内镁滴着火率沿轴向变化。镁滴沿轴向运动过程中逐步实现着火燃烧,在靠近燃气入口的燃烧室前部各横截面上,一次进水距离 160 mm 时的着火率最高。

在数值模拟中燃气入口采用恒定边界条件(流量、组分及温度等),而在水冲压发动机实际工作过程中,水反应金属燃料燃速受到燃面附近环境温度的影响,其环境温度下降会导致水反应金属燃料燃速降低。燃烧室内水滴蒸发伴随着吸热过程,图 6.5、图 6.6 分别是不同一次进水距离时燃烧室内气相水蒸气质

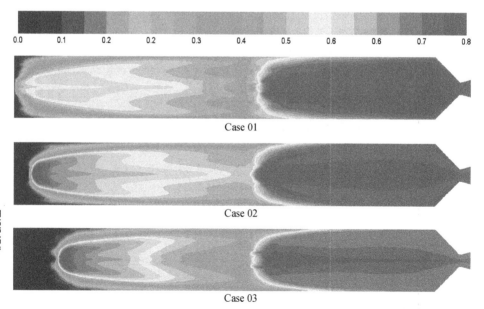

图 6.5 不同一次进水距离时燃烧室内气相水蒸气质量分数分布

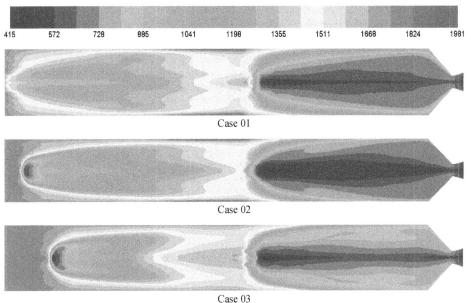

Case 01

Case 02

Case 03

图 6.6　不同一次进水距离时燃烧室轴对称面流场温度分布(单位: K)

量分数和轴对称面流场温度分布。一次进水距离为 50 mm 时,在靠近燃气入口边界的自持燃烧区水蒸气质量分数较高,该区域流场温度较低,这将不利于镁滴着火燃烧;随着一次进水距离的增加,自持燃烧区水蒸气含量逐渐降低,该区域维持高温的距离也增长。图 6.7 是不同一次进水距离时燃烧室中心轴线温度变化,该曲线能在一定程度上反映燃烧室内流场温度沿轴线的变化趋势。如图所示,一次进水距离 50 mm 时,中心轴线温度从燃气入口开始即迅速下降;一次进水距离 100 mm 和 160 mm 时,中心轴线温度在燃气入口后维持了一定距离的高温区。表 6.3 是不同一次进水距离时燃烧室内的镁

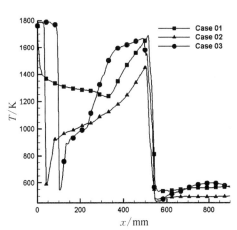

**图 6.7　不同一次进水距离时燃烧室
中心轴线温度变化**

滴燃烧率和水滴蒸发率。如表所示,在燃气入口边界条件恒定的情况下,即水反应金属燃料燃速稳定时,一次进水距离为 50 mm、100 mm 和 160 mm 时,燃烧室内最终的镁滴燃烧率和水滴蒸发率相差不大。

表 6.3   不同一次进水距离时燃烧室内的镁滴燃烧率和水滴蒸发率

算　　例	镁滴燃烧率/%	水滴蒸发率/%
Case 01	48.69	93.85
Case 02	48.68	93.16
Case 03	48.53	94.36

综合以上分析,一次进水距离较小时,燃气入口附近流场温度沿轴向会过早降低,这将不利于镁滴着火以及水反应金属燃料燃速稳定;在水反应金属燃料燃速保持稳定的情况下,一次进水距离在一定范围内变化对燃烧室内镁/水掺混燃烧效果影响不大。因此,水冲压发动机设计过程中,为保证镁滴迅速着火以及水反应金属燃料燃速稳定,一次进水距离存在设计下限。

6.2.2.2　二次进水距离的影响

根据发动机分区燃烧模型,二次进水口位于一次水反应区与二次水反应区之间,二次进水距离决定了一次水反应区的长度。为讨论镁基水冲压发动机燃烧组织过程中二次进水距离的影响,本节对二次进水距离分别为 300 mm、350 mm 和 400 mm 时发动机内部燃烧过程进行了数值模拟分析,各算例主要参数设置如表 6.4 所示。其中,模拟工况同样采用 4.4 节中两次进水条件下的 10 - 50 - 12 号试验工况,一次进水距离均为 100 mm。发动机燃烧室壁面网格如图 4.19 所示,燃气入口、一次进水口及二次进水口等其他边界条件设置如4.4.2.2 小节所述。

表 6.4   不同二次进水距离的数值模拟算例设置

算　　例	二次进水距离/mm
Case 04	300
Case 05	350
Case 06	400

图 6.8 是不同二次进水距离时燃烧室内镁滴中镁金属质量沿轨迹变化。随着镁滴的着火燃烧,镁滴中的镁金属逐步转化为氧化镁,镁金属质量沿轨迹逐渐减小;二次进水距离为 300 mm 时,部分镁滴始终未能着火燃烧,其中的镁金属质量直至喷管处还保持不变;二次进水距离为 350 mm 和 400 mm 时,未能着火的

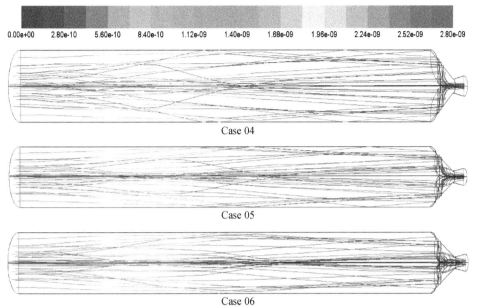

图 6.8　不同二次进水距离时燃烧室内镁滴中镁金属质量沿轨迹变化(单位: kg)

镁滴数量减少,且大部分镁滴在二次进水口之前已着火燃烧。图 6.9 是不同二次进水距离时燃烧室内镁滴着火率沿轴向变化。在一次进水口($x = 100$ mm)之后的各横截面上,二次进水距离 300 mm 时的着火率最低,随着二次进水距离的增大镁滴着火率呈升高趋势。

图 6.10、图 6.11 分别是不同二次进水距离时燃烧室内水滴质量沿轨迹变化以及轴对称面流场温度分布。一次进水雾化后的水滴迅速蒸发完毕,二次进水由于流量更大所需蒸发时间更

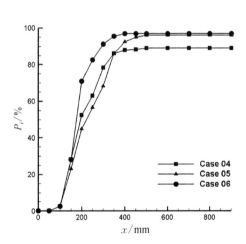

图 6.9　不同二次进水距离时燃烧室内镁滴着火率沿轴向变化

长,大部分水滴在到达喷管之前完全蒸发;二次进水雾化后的水滴与燃气流掺混,水滴吸热使流场温度降低,在二次进水距离为 300 mm 时,流场温度最先开始出现下降趋势。图 6.12 是不同二次进水距离时燃烧室中心轴线温度变化。如图所示,在一次水反应区($x = 100 \sim 300$ mm 附近),不同二次进水距离时的中心轴线温度相差较小;二次进水距离为 300 mm 时的中心轴线温度最先开始下降。

表 6.5 是不同二次进水距离时燃烧室内的镁滴燃烧率和水滴蒸发率。如表所示,二次进水距离为 300 mm 时镁滴燃烧率最低,随着二次进水距离增大镁滴燃烧率升高,但进水距离为 350 mm 和 400 mm 时镁滴燃烧率相差不大。

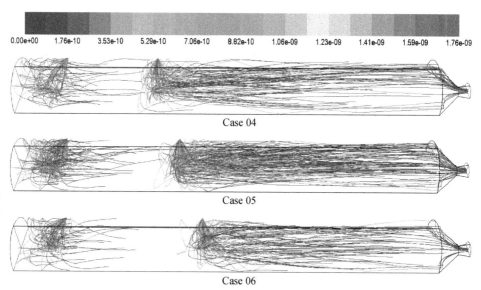

图 6.10　不同二次进水距离时燃烧室内水滴质量沿轨迹变化(单位: kg)

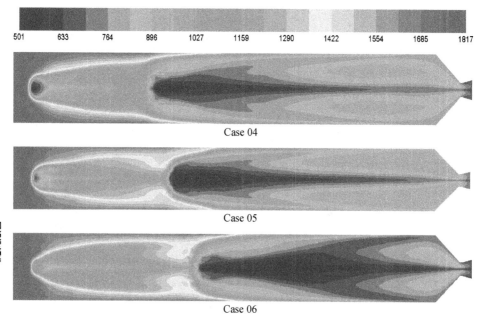

图 6.11　不同二次进水距离时燃烧室轴对称面流场温度分布(单位: K)

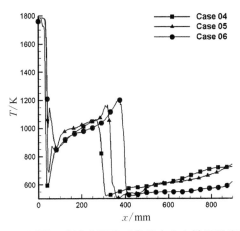

图 6.12　不同二次进水距离时燃烧室中心轴线温度变化

表 6.5　不同二次进水距离时燃烧室内的镁滴燃烧率和水滴蒸发率

算　　例	Case 04	Case 05	Case 06
镁滴燃烧率/%	37.91	46.43	47.41
水滴蒸发率/%	95.19	94.64	95.18

　　综合以上分析,二次进水距离较小时,水滴蒸发吸热导致一次水反应区流场温度过早降低,部分镁滴不能及时着火,镁/水燃烧不能充分进行;当二次进水距离增大到一定程度后,其对镁/水燃烧效果的影响减小。因此,为使大部分镁滴能在一次水反应区迅速着火并充分燃烧,二次进水距离存在设计下限。

6.2.3　不同燃烧室长度和进水距离的试验研究

　　参照 6.2.1.3 小节设计结果,对 I 型试验水冲压发动机燃烧室长度和进水距离进行了改进并开展了试验研究,发动机主要结构参数如表 6.6 所示,试验水冲压发动机结构示意图如图 4.2 所示。考虑到实际工作过程中燃烧效率的影响,为防止液态水到达燃料燃面,根据式(6.7)热损失修复系数 φ 对 L_1 距离进行了适当延长。

表 6.6　水冲压发动机燃烧室长度及进水距离

发动机构型	L_1/mm	L_2/mm	L_c/mm
构型 I	160	540	900
构型 II	100	342	566

在相同设计工况下,10-50-12 号、08-50-15 号试验分别采用 I 型和 II 型发动机,试验均选用 50 型水反应金属燃料,设计工况为:燃烧室压强 2.5 MPa、总水燃比 2.9,10-50-12 号试验一次水燃比 0.8,08-50-15 号试验一次水燃比 1.0。一次水燃比依据所提出的水燃比设计方法,详见 6.4 节。

图 6.13、图 6.14 分别是 10-50-12 号和 08-50-15 号试验燃烧室压强-时间曲线,两次试验发动机都成功实现点火且工作稳定。改进构型后,发动机点火延时缩短,燃烧室工作压强更加平稳。这是由于燃烧室长度缩短后自由容积减小,点火阶段燃气充填时间减短;燃烧室长度和进水距离改变后,发动机结构更加紧凑,其内部燃烧过程过渡更加平稳,燃烧室压强波动变小。

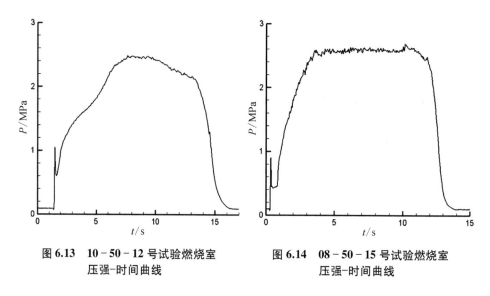

图 6.13 10-50-12 号试验燃烧室
压强-时间曲线

图 6.14 08-50-15 号试验燃烧室
压强-时间曲线

表 6.7 是两种构型水冲压发动机试验结果,两次试验工况与设计值相近。II 型相比于 I 型发动机试验比冲效率从 66.31% 增加到 78.28%,燃烧效率从 77.58% 增加到 85.25%。发动机性能提高的主要原因是,通过合理设计燃烧室结构,在镁/水燃烧较为充分的前提下缩短燃烧室长度,能够减小燃烧室壁面散热所导致的热损失。另外,对于实际工程应用中,发动机燃烧室结构质量和体积的减小还能提高鱼雷的有效载荷,并为鱼雷总体设计带来便利。

试验结果表明,研究中采用的燃烧室长度和一次、二次进水距离设计方法能够有效提高发动机性能。

表 6.7　两种构型的发动机试验结果

试验编号	发动机构型	燃烧室压强/MPa	一次水燃比	二次水燃比	总水燃比	燃料燃速/(mm/s)
10 - 50 - 12	I	2.44	0.77	2.13	2.90	12.71
08 - 50 - 15	II	2.49	1.02	1.83	2.85	13.29

试验编号	试验特征速度/(m/s)	理论特征速度/(m/s)	试验比冲/(N·s/kg)	理论比冲/(N·s/kg)	比冲效率/%	燃烧效率/%
10 - 50 - 12	612.79	789.85	2 932.70	4 422.75	66.31	77.58
08 - 50 - 15	681.16	799.06	3 417.89	4 366.24	78.28	85.25

6.3　进水角度对发动机内部燃烧过程的影响规律

在确定了燃烧室长度和进水距离后,两次进水角度的不同,将引起燃气流与水之间掺混效果的变化,还将改变水滴在燃烧室的驻留时间。针对水冲压发动机中扩散控制的镁/水反应,在进行燃烧组织时有必要掌握进水角度对燃烧过程的影响规律,并对发动机进水角度进行合理设计。

6.3.1　不同进水角度的数值模拟研究

6.3.1.1　一次进水角度的影响

为讨论镁基水冲压发动机燃烧组织过程中一次进水角度的影响,本节对一次进水角度分别为 45°、90° 和 135° 时发动机内部燃烧过程进行数值模拟分析,各算例主要参数设置如表 6.8 所示。由于一次进水口靠近燃气入口边界,当进水角度小于 90° 时,其在发动机轴向的分速度使进入燃烧室的水滴与燃气入口边界的实际距离减小,而在 6.2.2.1 小节的研究中发现,一次进水距离过小不利于镁滴迅速着火及水反应金属燃料保持稳定燃速,因此,为屏蔽这一因素对一次进水角度变化的讨论,本节在数值模拟过程中将一次进水距离增大至 400 mm,同时关闭二次进水,发动机燃烧室壁面网格如图 4.19 所示,燃气入口、一次进水口等其他边界条件设置如 4.4.2.2 小节所述。

表 6.8 不同一次进水角度的数值模拟算例设置

算 例	一次进水角度/(°)
Case 07	45
Case 08	90
Case 09	135

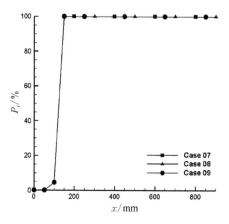

图 6.15 是不同一次进水角度时燃烧室内镁滴着火率沿轴向变化。在一次进水距离较长的条件下,不同一次进水角度下燃烧室内镁滴都能迅速着火燃烧,一次进水角度对镁滴着火时机影响较小。图 6.16 是不同一次进水角度时燃烧室内水滴质量沿轨迹变化。随着一次进水雾化水滴与燃气流的掺混,水滴逐步蒸发;一次进水角度 45° 时其雾化水滴完全蒸发所经过的距离最短,随着进水角度的增大水滴完全蒸发所需距离增长。

图 6.15 不同一次进水角度时燃烧室内镁滴着火率沿轴向变化

图 6.17 是不同一次进水角度时 $\theta = 45°$ 轴截面上一次进水口附近($x = 300 \sim 500$ mm)流线图,一次进水口位于 $\theta = 45°$ 轴截面上 $x = 400$ mm 处(即图示区域上

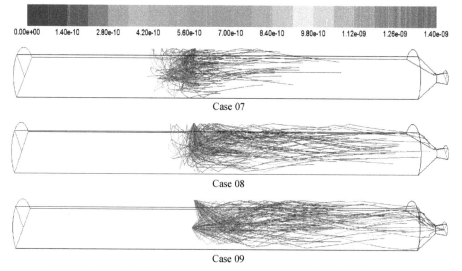

Case 07

Case 08

Case 09

图 6.16 不同一次进水角度时燃烧室内水滴质量沿轨迹变化(单位: kg)

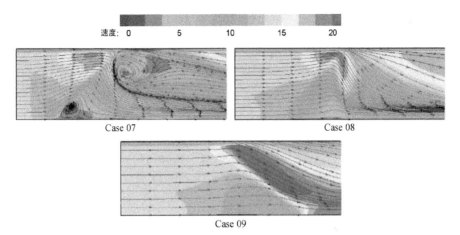

图 6.17　不同一次进水角度 $\theta = 45°$ 时轴截面上一次进水口附近 $(x = 300 \sim 500 \text{ mm})$ 流线图

方边界中央），云图表示流场速度分布。如图所示，一次进水角度为 45°时，一次进水在发动机轴向的分速度较大且与燃气主流速度相反，在气流剪切作用下，一次进水口后方以及前部靠近燃气入口边界的中心区域出现回流区，且气流速度减小，这将有利于水滴与高温燃气流掺混，使水滴能够迅速蒸发；一次进水角度为 90°和 135°时，流场内未出现明显回流区，且进水角度 135°时一次进水后燃气流速度加大，这也使得水滴蒸发所需要的距离增长。

图 6.18、图 6.19 分别是不同一次进水角度时燃烧室轴对称面流场温度分布

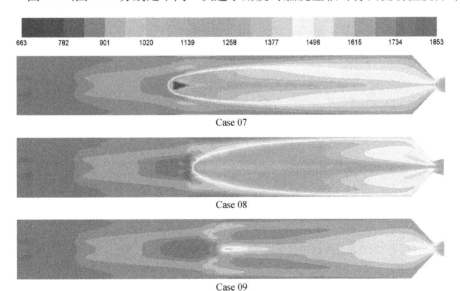

图 6.18　不同一次进水角度时燃烧室轴对称面流场温度分布（单位：K）

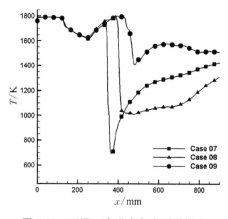

图 6.19 不同一次进水角度时燃烧室
中心轴线温度变化

以及中心轴线温度变化。一次进水角度为 45°时,回流区的出现加强了水滴与高温燃气流的掺混,水滴蒸发吸热造成燃烧室内一次进水口之前中心区域流场温度较低,而后随着镁/水反应的进行,流场温度逐步升高;一次进水角度为 90°时,燃气流与水滴的掺混强度减弱,流场温度在一次进水口之后开始降低;一次进水角度为 135°时,燃气流与水滴的掺混强度进一步减弱,且水滴以一定速度喷向尾部减小了其在燃烧室内的驻留时间,水滴蒸发量的减少导致一次进水口之后流场降温程度减小。图 6.20 是不同一次进水角度时燃烧室内气相镁/水反应速率分布。随着一次进水角度的增大,气相镁/水反应区向燃气流下游移动,且对于扩散控制的镁/水反应,掺混强度的减弱也使反应速率呈减小趋势。

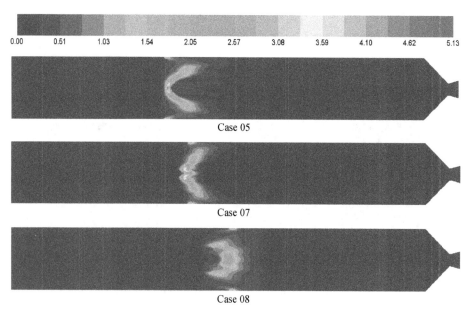

图 6.20 不同一次进水角度时燃烧室内气相镁/水反应速率分布[单位: $kg \cdot mol/(m^3 \cdot s)$]

表 6.9 是不同一次进水角度时燃烧室内的镁滴燃烧率和水滴蒸发率。如表所示,当一次进水距离较大时,不同一次进水角度对镁滴燃烧率的影响较小;随

着一次进水角度的增大,燃烧室内水滴蒸发率逐步降低。

表 6.9　不同一次进水角度时燃烧室内的镁滴燃烧率和水滴蒸发率

算　　例	镁滴燃烧率/%	水滴蒸发率/%
Case 07	48.95	99.29
Case 08	48.96	88.48
Case 09	48.94	81.60

综合以上分析,当一次进水距离满足设计要求(即一次进水对镁滴着火和燃料燃速影响较小)时,一次进水角度的变化对镁滴着火时机和最终的燃烧程度影响较小;一次进水喷向燃气流上游有利于镁/水快速掺混,此时气相镁/水反应区更靠近上游且反应速率较高,水滴蒸发所需要的距离较短且蒸发量大,这将有利于缩短燃烧室的设计长度;随着一次进水角度的增大,气相镁/水反应区向下游移动且反应速率减小,水滴蒸发所需要的距离增长且蒸发量降低。因此,在一次进水距离满足设计要求的情况下,水冲压发动机一次进水角度可选择为 45°。

6.3.1.2　二次进水角度的影响

6.3.1.1 节的研究中发现,不同进水角度下(45°、90° 和 135°),进水角度为 45° 时燃气流与水滴的掺混效果最佳,水滴完全蒸发所需要的距离最短,随着进水角度的增大,其掺混强度减弱,水滴蒸发过程所经历的距离增长。根据发动机分区燃烧模型,二次进水主要用于增加发动机工质,并使未燃烧完全的镁金属进一步反应。然而,二次进水角度大于 90° 时将不利于燃气流与水滴的掺混,影响水滴迅速转化为水蒸气工质;二次进水角度小于 90° 时,水滴喷向上游方向,则可能影响一次水反应区镁/水燃烧的进行。

为讨论镁基水冲压发动机燃烧组织过程中二次进水角度的影响,本节对二次进水角度分别为 45°、90° 和 135° 时发动机内部燃烧过程进行数值模拟分析,各算例主要参数设置如表 6.10 所示。其中,二次进水角度为 90° 时的算例采用 6.2.2.2 小节中二次进水距离为 350 mm 时(Case 05)的计算结果,以此为基础且在其他条件不变的情况下,通过改变二次进水角度得到 45° 和 135° 时的数值计算结果。发动机燃烧室壁面网格如图 4.19 所示,燃气入口、一次进水口及二次进水口等其他边界条件设置如 4.4.2.2 小节所述。

图 6.21 是不同二次进水角度时燃烧室内镁滴中镁金属质量沿轨迹变化。

表 6.10　不同二次进水角度的数值模拟算例设置

算　　　例	二次进水角度/(°)
Case 10	45
Case 05	90
Case 11	135

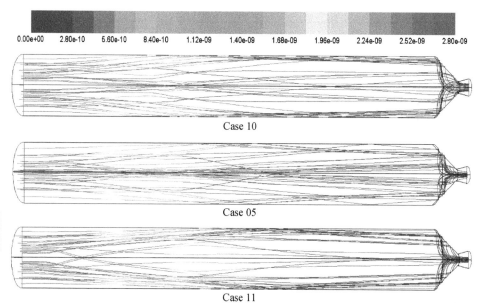

图 6.21　不同二次进水角度时燃烧室内镁滴中镁金属质量沿轨迹变化(单位: kg)

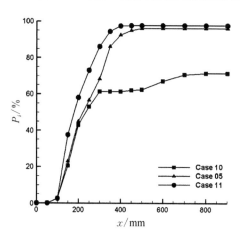

图 6.22　不同二次进水角度时燃烧室内
镁滴着火率沿轴向变化

二次进水角度为 45°时,部分镁滴始终未能着火燃烧,其中的镁金属质量直至喷管处还保持不变;二次进水角度为 90°和 135°时,未能着火的镁滴数量减少,且大部分镁滴在二次进水口之前已着火燃烧。图 6.22 是不同二次进水角度时燃烧室内镁滴着火率沿轴向变化。如图所示,二次进水角度为 45°时一次进水口($x=100$ mm)之后的各横截面上镁滴的着火率最低,随着该进水角度的增大,相应的镁滴着火率增加,且进水角度为 90° 和 135° 时的着火率相差不大。

　　图 6.23、图 6.24 分别是不同二次进水角度时燃烧室内水滴质量沿轨迹变化和轴对称面流场温度分布。如图所示,不同二次进水角度时大部分水滴在到达

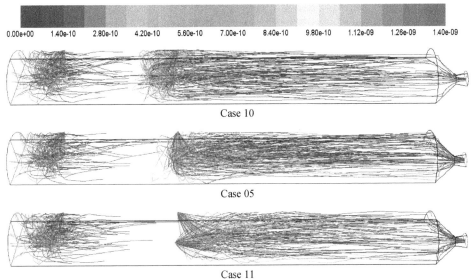

Case 10

Case 05

Case 11

图 6.23　不同二次进水角度时燃烧室内水滴质量沿轨迹变化(单位: **kg**)

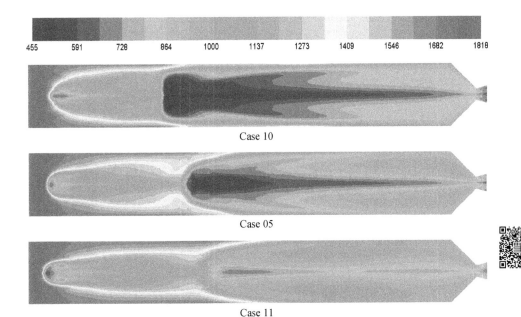

Case 10

Case 05

Case 11

图 6.24　不同二次进水角度时燃烧室轴对称面流场温度分布(单位: **K**)

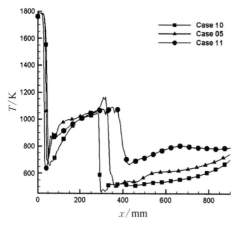

图 6.25 不同二次进水角度时燃烧室
中心轴线温度变化

喷管前都能完全蒸发;二次进水角度为 45°时,水滴向燃气流上游方向喷射使一次水反应区后流场温度提前开始下降,这不利于该区域镁滴的迅速着火和充分燃烧;进水角度为 90°和 135°时流场温度在二次进水口之后才开始下降。图 6.25 是不同二次进水角度时燃烧室中心轴线温度变化。如图所示,二次进水角度为 45°时中心轴线温度最先下降,且轴线上各点温度最低。表 6.11 是不同二次进水角度时燃烧室内的镁滴燃烧率和水滴蒸发率。如表所示,二次进水角度为 45°时镁滴燃烧率最低,镁/水燃烧放热量减小也使得此时水滴蒸发率较低;进水角度为 90°和 135°时的镁滴燃烧效率相近,但二次进水角度为 90°时的水滴蒸发率最高。

表 6.11 不同二次进水角度时燃烧室内的镁滴燃烧率和水滴蒸发率

算　例	镁滴燃烧率/%	水滴蒸发率/%
Case 10	37.01	82.68
Case 05	46.43	94.64
Case 11	46.99	82.65

综合以上分析,二次进水喷向燃气流上游时,一次水反应区温度提前下降不利于镁滴着火和燃烧,镁/水燃烧放热量减小使得此时水滴蒸发量降低;二次进水垂直或向下游喷射时,一次水反应区的镁滴着火燃烧受二次进水的影响较小,镁滴燃烧更加充分;二次进水向下游喷射时,水滴与燃气流的掺混强度减弱,水滴在燃烧室内的驻留时间缩短,致使水滴蒸发量下降。为保证燃烧室内镁滴迅速着火燃烧以及水滴充分蒸发,水冲压发动机设计过程中,二次进水角度宜选择为 90°。

6.3.2 不同一次进水角度的试验研究

参照 6.3.1.1 小节数值模拟研究结果,为确定一次进水角度对水冲压发动机性能的影响,进行了不同一次进水角度的发动机试验研究。

6.3.2.1　相同进水流量下一次进水角度的影响

在相同的进水流量下,08-50-22 号和 08-50-24 号试验分别采用一次进水角度为 90°和 45°。试验均采用Ⅱ型发动机、50 型水反应金属燃料,二次进水角度为 90°,发动机结构简图如图 4.2 所示。两次试验设计工况:燃烧室压强 2.5 MPa,一次进水流量 0.255 kg,二次进水流量 0.325 kg。两次试验发动机采用的喷管喉径相同。图 6.26、图 6.27 是 08-50-22 号和 08-50-24 号试验燃烧室压强-时间曲线,如图所示,发动机均成功实现点火且工作正常。

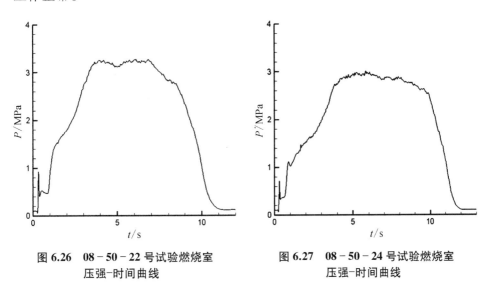

图 6.26　08-50-22 号试验燃烧室　　　图 6.27　08-50-24 号试验燃烧室
压强-时间曲线　　　　　　　　　压强-时间曲线

表 6.12 是相同进水流量下不同一次进水角度的发动机试验结果,08-50-22 号试验水反应金属燃料燃速为 18.48 mm/s,而 08-50-24 号试验对应燃速为 15.75 mm/s,即在发动机构型、水反应金属燃料型号及进水流量都相同的情况下,一次进水角度 90°时燃料燃速高于 45°时对应的燃速。相比于 08-50-24 号试验,08-50-22 号试验中的高燃速水反应金属燃料燃烧产生的燃气流量增加,致使同一喷管喉径下的燃烧室压强升高至 3.12 MPa,且同一进水流量下的一次水燃比、二次水燃比降低(分别为 0.83 和 1.10)。结合 6.3.1 小节数值模拟研究结果,不同一次进水角度对应的燃料燃速发生变化的原因是:一次进水角度 45°时,雾化水滴喷向燃料燃面,水滴蒸发吸热降低了燃料燃面附近的环境温度,以致燃料燃速减小。

表 6.12　相同进水流量下不同一次进水角度的发动机试验结果

试验编号	发动机构型	一次进水角度/(°)	燃烧室压强/MPa	燃料燃速/(mm/s)	一次水燃比	二次水燃比	总水燃比
08-50-22	II	90	3.12	18.48	0.83	1.10	1.93
08-50-24	II	45	2.82	15.75	0.99	1.30	2.29

试验编号	试验特征速度/(m/s)	理论特征速度/(m/s)	试验比冲/(N·s/kg)	理论比冲/(N·s/kg)	比冲效率/%	燃烧效率/%
08-50-22	762.58	952.74	3 013.02	4 047.58	74.44	80.04
08-50-24	728.58	891.35	3 204.03	4 214.72	76.02	81.74

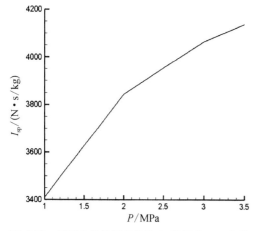

图 6.28　相同水燃比下理论比冲-燃烧室压强曲线

试验中燃烧室压强与设计值的偏差较大,这同样是由于燃料预估燃速偏差引起。相同条件下燃烧室压强升高有利于发动机性能的提高,图 6.28 是相同水燃比下理论比冲-燃烧室压强曲线,发动机比冲随着燃烧室压强的增加而逐步升高。如表 6.12 所示,在燃烧室压强较低的情况下,采用 45°一次进水角度的 08-50-24 号试验比冲、比冲效率及燃烧效率仍高于 08-50-22 号试验。

试验结果表明,一次进水角度 45°时,一次进水喷向燃面使燃料燃速有所降低,但在相同的进水流量下却能增强镁/水燃烧并获得更高的燃烧效率。

6.3.2.2　相同水燃比下一次进水角度的影响

6.3.2.1 小节试验研究中确认了相同进水流量下一次进水角度为 45°时水冲压发动机能够获得更高的燃烧效率,但是由于燃速变化引起两次试验中的水燃比不同,并不能最终判断一次进水角度对发动机性能的影响。

5.3.2.2 小节中的 08-50-18 号试验中一次进水角度为 90°,而在 6.2.3 小节中的 08-50-15 号试验中一次进水角度为 45°。两次试验均采用 II 型发动机,50 型水反应金属燃料,且试验工况(燃烧室压强、一次水燃比和总水燃比)相近。

如表 5.3、表 6.7 所示,08 – 50 – 18 号试验发动机燃烧效率为 83.22%、比冲效率为 77.03%,08 – 50 – 15 号试验发动机燃烧效率为 85.25%、比冲效率为 78.28%。

试验结果表明,相比于一次进水垂直喷射,水冲压发动机中一次进水角度为 45°有利于提高发动机性能。

6.4　水燃比对发动机内部燃烧过程的影响规律

6.4.1　水燃比设计方法

6.4.1.1　完全反应水燃比与最优理论水燃比

水燃比(water/fuel mass flow rate ratio)是水冲压发动机的重要工作参数,水燃比的选择将影响发动机的工作性能。在相同燃烧室压强下,不同水燃比将导致燃烧室温度、燃烧产物组分及浓度的变化,而对于同一类型喷嘴,实际工作中进水流量的不同还会引起进水雾化特性(喷射速度、水滴平均粒径等)的变化,以致影响金属与水的燃烧过程。

在给定燃料配方、初温、燃烧室压强、水燃比和喷管出口压强的条件下,通过热力计算[49],可以得到发动机燃料特征速度、燃烧室绝热燃烧温度、喷管出口截面产物温度以及比冲等参数[151]。在 5.3.1.2 小节中已经讨论过水燃比对发动机性能的影响,其中认为热力计算的燃烧室绝热燃烧温度达到最高值时理论上燃料完全反应,定义此时对应的水燃比为完全反应水燃比,如图 5.12 所示;而发动机理论比冲为最高值时其理论性能达到最优,定义此时对应的水燃比为最优理论水燃比,如图 5.13 所示。需要注意的是,完全反应水燃比与最优理论水燃比都属于理论计算值。

6.4.1.2　着火临界水燃比与气/液临界水燃比

水冲压发动机工作过程中,水燃比的改变会引起燃烧室内部温度的变化,图 6.29 是热力计算得到的典型理论燃烧室温度-水燃比和喷管出口温度-水燃比曲线。当水燃比超过完全

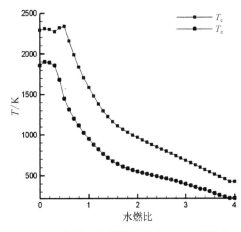

图 6.29　典型理论燃烧室温度 T_c-水燃比和喷管出口温度 T_e-水燃比曲线

反应水燃比时,随着水燃比的增加燃烧室温度开始下降,喷管出口温度也呈下降趋势。

由4.3.7.1小节可知,镁颗粒以熔融液滴形式离开燃面进入燃烧室,且镁滴着火温度为1 100 K,当燃烧室温度低于该着火温度时,镁滴不能实现点火。研究中将实际燃烧室温度为镁滴着火温度时对应的水燃比定义为着火临界水燃比。

由热力学理论可知,定压条件下当水蒸气温度低于当前压强下水的饱和温度时水蒸气开始凝结。水冲压发动机中,水蒸气是喷管产生推力的主要工质,随着气流在喷管内流动,流场温度逐步降低,当温度过低造成水蒸气凝结时,喷管内即出现两相流损失,这将不利于发动机性能的提高[152]。研究中将当地实际温度低于当前条件下水的饱和温度时对应的水燃比定义为气/液临界水燃比。

着火临界水燃比和气/液临界水燃比都是发动机工作过程中的水燃比,发动机试验前可结合燃烧效率经验值对其进行预估。由于燃烧过程中存在热损失,发动机工作中内流场实际温度总是低于理论温度。研究中采用特征速度效率描述水冲压发动机中的燃烧效率,如式(4.5)所示。根据特征速度的定义式,特征速度效率与温度效率间存在开平方根关系[152]:

$$\eta_{c*} = \frac{c^*}{c_{th}^*} = \sqrt{\frac{T}{T_{th}}} \tag{6.16}$$

$$T_{th} = \frac{T}{\eta_{c*}^2} \tag{6.17}$$

其中,T是实际温度;T_{th}是理论温度。根据发动机燃烧效率,依据式(6.17)计算实际温度对应的理论温度,并通过热力计算确定该理论温度对应的水燃比。因此,综合实际镁滴着火温度、当地水的饱和温度以及发动机燃烧效率,即可估算发动机实际工作过程中的着火临界水燃比和气/液临界水燃比。

6.4.1.3　一次水燃比与总水燃比的设计

根据发动机分区燃烧模型,一次进水主要用于使一次水反应区的镁滴快速着火并充分燃烧;二次进水则主要用于提供发动机工质,并使未燃烧完全的镁滴进一步反应。由于发动机实际工作中富氧环境有利于燃烧反应的进行[130],一次水燃比可适当高于完全反应水燃比;另一方面,当大于完全反应水燃比时,水燃比继续升高会导致燃烧室温度降低,如图6.29所示。因此,为使燃烧室中的镁滴能快速正常点火,一次水燃比必须低于着火临界水燃比。综合考虑这两个因素,在水冲压发动机实际工作中,一次水燃比应高于完全反应水燃比且略低于着火临界水燃比。

水冲压发动机工作过程中,当镁金属与水达到完全反应时,继续升高水燃比以增加工质虽能提高发动机比冲,但也降低了燃烧室温度。当燃烧室实际温度低于水的饱和温度时,燃烧室内即出现两相流,并带来两相流损失,这时液态水将不能作为工质膨胀做功;另外,喷管内气流加速降温过程如造成水蒸气凝聚,也将导致喷管两相流损失。两相流损失主要有三个方面原因:一是水滴流动过程中不再做膨胀功;二是水滴速度低于气流速度引起速度滞后;三是水滴温度低于气流温度引起温度滞后。这三方面原因都将导致喷管在将燃烧室热能转化为尾流动能过程中效率降低。通常在含铝燃料的固体火箭发动机中,喷管两相流损失占喷管中总损失的 $1/3 \sim 1/2$,但在水冲压发动机中,水蒸气质量占气相工质的 80% 左右,如图 4.26 所示,水蒸气凝聚造成的两相流损失不可忽视。

由于水冲压发动机热力计算未考虑实际工作中的两相流损失,最优理论水燃比总是高于气/液临界水燃比。综合考虑水燃比升高带来的工质增加和两相流损失两方面影响,为使水冲压发动机实际工作性能达到最优,总水燃比应高于喷管出口气/液临界水燃比且略低于喷管入口气/液临界水燃比。

6.4.1.4　设计实例

针对两次进水的镁基水冲压发动机,为使其实际工作性能达到最优,研究中对试验发动机的一次水燃比和总水燃比进行选择。试验采用 50 型水反应金属燃料,设计工况下燃烧室压强为 2.5 MPa,喷管满足地面环境下的最佳膨胀比。通过水冲压发动机热力计算,得到理论燃烧室温度 T_c-水燃比和喷管出口温度 T_e-水燃比曲线如图 6.29 所示,发动机理论比冲-水燃比曲线如图 5.13 所示,其中,设计条件下试验发动机完全反应水燃比为 0.5,最优理论水燃比为 4.0。

发动机燃烧效率与其构型关系密切,当发动机构型确定后,工况相近的发动机燃烧效率值只在一定范围内浮动[154]。对于不同构型发动机,可通过单次测试确定其燃烧效率,然后估算着火临界水燃比和气/液临界水燃比。在测试试验中,得到 I 型试验发动机燃烧效率为 75% 左右,II 型试验发动机燃烧效率为 80% 左右。其设计燃烧室压强 2.5 MPa 下水的饱和温度为 500 K,地面环境压强下水的饱和温度为 373 K。

在设计燃烧室压强 2.5 MPa、喷管满足地面环境下最佳膨胀比的条件下,基于两种构型试验发动机的燃烧效率值和水的饱和温度,根据式(6.17)并结合热力计算结果估算:I 型试验发动机着火临界水燃比为 0.85,喷管入口气/液临界水燃比为 2.54,喷管出口气/液临界水燃比为 1.71;Ⅱ型试验发动机着火临界水燃比为 1.05,喷管入口气/液临界水燃比为 2.98,喷管出口气/液临界水燃比为 2.21。因此,如表 6.13 所示,选取Ⅰ型试验发动机一次水燃比为 0.8,总水燃比为 2.5;Ⅱ型试验发动机一次水燃比为 1.0,总水燃比为 2.9。

表 6.13　Ⅰ型、Ⅱ型试验发动机一次水燃比及总水燃比设计结果

发动机构型	完全反应水燃比	着火临界水燃比	一次水燃比设计值	最优理论水燃比	喷管入口气/液临界水燃比	喷管出口气/液临界水燃比	总水燃比设计值
Ⅰ	0.50	0.85	0.80	4.0	2.54	1.71	2.50
Ⅱ	0.50	1.05	1.0	4.0	2.98	2.21	2.90

6.4.2　不同水燃比的数值模拟研究

6.4.2.1　一次水燃比的影响

为讨论镁基水冲压发动机燃烧组织过程中一次水燃比的影响,本节对总水燃比为 2.9,一次水燃比分别为 0.3、0.5、0.77 和 1.0 时发动机内部燃烧过程进行数值模拟分析,各算例主要参数设置如表 6.14 所示。其中,一次水燃比为 0.77 时的算例采用 6.2.2.2 小节中二次进水距离 350 mm 时(Case 05)的计算结果,以此为基础且在其他条件不变的情况下,通过改变一次进水流量得到一次水燃比为 0.3、0.5 和 1.0 时的数值计算结果。发动机燃烧室壁面网格如图 4.19 所示,燃气入口、二次进水口等其他边界条件设置如 4.4.2.2 小节所述,一次进水流量根据燃气入口流量和一次水燃比计算得到。

表 6.14　不同一次水燃比的数值模拟算例设置

算　　例	一次水燃比	算　　例	一次水燃比
Case 12	0.3	Case 05	0.77
Case 13	0.5	Case 14	1.0

图 6.30 是不同一次水燃比时燃烧室内镁滴中镁金属质量沿轨迹变化。在总水燃比相等的情况下,当一次水燃比为 0.3、0.5 和 0.77,且处于其完全反应水燃比 0.5(表 6.13)附近时,大部分镁滴都能迅速着火燃烧,而当一次水燃比增至 1.0,且处于着火临界水燃比 1.05(表 6.13)附近时,部分镁滴始终未能着火,其中镁金属质量直至喷管处还保持不变。图 6.31 是不同一次水燃比时燃烧室内镁

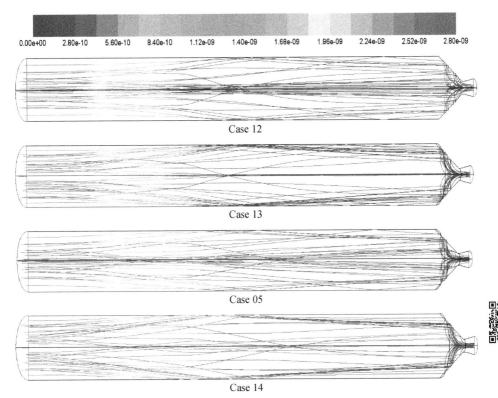

Case 12

Case 13

Case 05

Case 14

图 6.30　不同一次水燃比时燃烧室内镁滴中镁金属质量沿轨迹变化(单位: kg)

滴着火率沿轴向变化。一次水燃比为
0.3 和 0.5 时,燃烧室内镁滴都能实现
迅速着火,而当一次水燃比继续升高
时,各横截面上镁滴着火率呈现减小
趋势。

　　图 6.32 是不同一次水燃比时燃烧
室轴对称面流场温度分布。一次水燃
比为 0.3 时燃烧室内一次水反应区温
度较高,随着一次水燃比的升高,燃烧
室内一次水反应区温度逐步下降;在总
水燃比相等的情况下,一次水燃比为
0.3 时对应的二次水燃比最高,水滴蒸

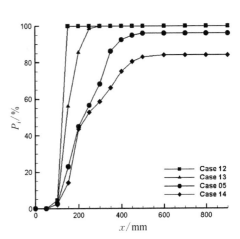

图 6.31　不同一次水燃比时燃烧室内
镁滴着火率沿轴向变化

发吸热造成此时二次水反应区温度较低,图 6.33 所示的不同一次水燃比时燃烧

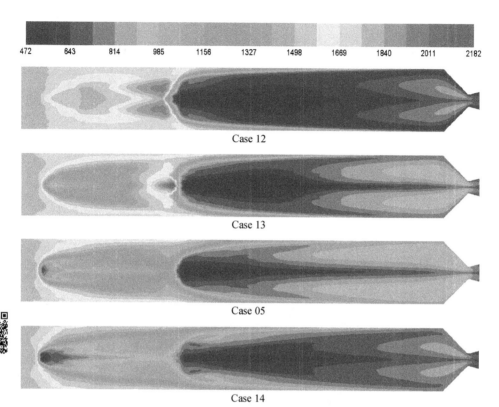

图 **6.32** 不同一次水燃比时燃烧室轴对称面流场温度分布(单位: **K**)

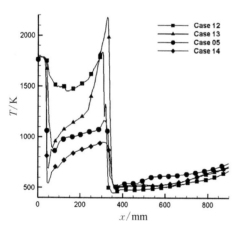

图 **6.33** 不同一次水燃比时燃烧室
中心轴线温度变化

室中心轴线温度变化也呈现出这一趋势。

在一次水燃比变化过程中,二次水反应区流场温度变化较大,根据发动机分区燃烧模型,大部分二次进水在二次水反应区转化为水蒸气工质,当流场温度低于燃烧室压强条件下水的饱和温度(2.5 MPa 条件下为 500 K)时,水蒸气凝结导致两相流损失,因此,在数值分析中,选取喷管入口横截面(x = 900 mm)内的流场最低温度为喷管入口特征温度,该温度值必须高于水的饱和温度。表 6.15 是不同一次水燃比时燃烧室内镁滴燃烧率、水滴蒸发率和特征温度。如表所示,一次水燃比为 0.3 和 0.5 时的镁滴燃烧率最高,其水滴蒸发率也相近,随着一次水燃比的升高,燃烧室内镁滴燃烧率和水滴蒸发率均呈现下降趋势;一次水燃比为 0.3 时,喷管入口特征温度低于水的饱和温度,随着一次水燃比的升高,该特征温度逐渐增高。

表 6.15　不同一次水燃比时燃烧室内镁滴燃烧率、水滴蒸发率和喷管入口特征温度

算　例	镁滴燃烧率/%	水滴蒸发率/%	喷管入口特征温度/K
Case 12	48.60	96.95	444.48
Case 13	48.60	96.18	586.41
Case 05	46.43	94.64	662.33
Case 14	32.44	93.03	687.61

综合以上分析,在总水燃比不变的条件下,一次水燃比较低且在其完全反应水燃比附近时,一次水反应区温度较高,大部分镁滴能够迅速着火燃烧,但由于此时对应的二次水燃比较高,大量水滴集中在二次水反应区蒸发使该区域温度较低,容易造成燃烧室内水蒸气工质凝结并引起两相流损失;一次水燃比较高且接近或超过其着火临界水燃比时,一次水反应区温度下降,不利于镁滴着火燃烧,但此时二次水燃比较小使得二次水反应区温度不会太低,有利于防止出现水蒸气凝结。因此,水冲压发动机一次水燃比宜选择在完全反应水燃比与着火临界水燃比之间。

6.4.2.2　总水燃比的影响

为讨论镁基水冲压发动机燃烧组织过程中总水燃比的影响,本节对总水燃比分别为 2.6、2.9 和 3.27 时发动机内部燃烧过程进行数值模拟分析,各算例主要参数设置如表 6.16 所示。由于一次进水主要用于使一次水反应区的镁滴快速着火并充分燃烧,为保证一次水反应区镁/水充分燃烧,本节数值模拟过程中将固定一次水燃比,通过改变二次水燃比实现总水燃比的变化。依据 6.4.2.1 小节研究结果选取一次水燃比为 0.77,且总水燃比为 2.9 时算例采用 6.2.2.2 小节中二次进水距离 350 mm 时(Case 05)的计算结果,以此为基础在其他条件不变的情况下,改变二次进水流量得到总水燃比为 2.6 和 3.27 时的数值计算结果。发动机燃烧室壁面网格如图 4.19 所示,燃气入口、一次进水口等其他边界条件设置如 4.4.2.2 小节所述,二次进水流量根据燃气入口流量和总水燃比计算得到。

表 6.16　不同总水燃比的数值模拟算例设置

算　例	总　水　燃　比
Case 15	2.6
Case 05	2.9
Case 16	3.27

　　图 6.34 是不同总水燃比时燃烧室内镁滴中镁金属质量沿轨迹变化。总水燃比为 2.9 时,大部分镁滴都能迅速着火燃烧,而在总水燃比为 2.6 和 3.27 时,部分镁滴始终未能着火燃烧,其中的镁金属质量直至喷管处还保持不变。图 6.35 是不同总水燃比时燃烧室内镁滴着火率沿轴向变化。由于总水燃比变化过程中一次水燃比保持不变,各横截面内镁滴着火率相差不大,但相比而言,总水燃比为 2.9 时燃烧室内最终的镁滴着火率最高。

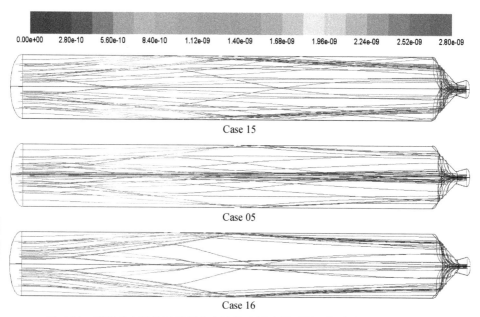

图 6.34　不同总水燃比时燃烧室内镁滴中镁金属质量沿轨迹变化(单位: kg)

　　图 6.36、图 6.37 分别是不同总水燃比时燃烧室轴对称面流场温度分布及燃烧室中心轴线温度变化。总水燃比为 2.9 时,燃烧室内流场最终达到的温度最高。表 6.17 是不同总水燃比时燃烧室内镁滴燃烧率、水滴蒸发率和喷管入口特征温度。如表所示,虽然当前工况下,发动机的最优理论水燃比在 4.0 附近

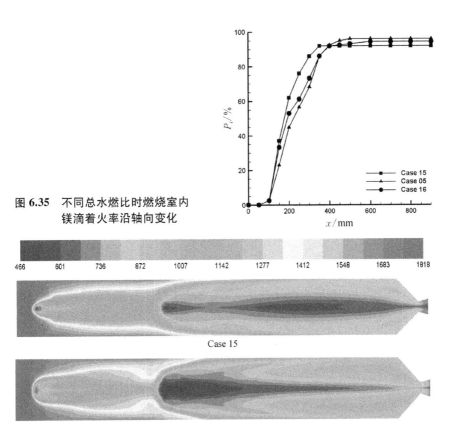

图 6.35　不同总水燃比时燃烧室内镁滴着火率沿轴向变化

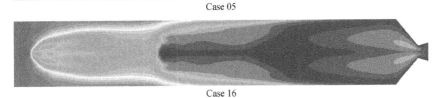

图 6.36　不同总水燃比时燃烧室轴对称面流场温度分布(单位：K)

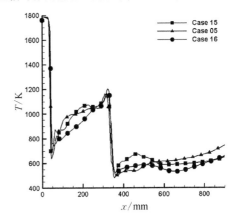

图 6.37　不同总水燃比时燃烧室中心轴线温度变化

（表6.13），但数值模拟中总水燃比为2.9时，镁滴燃烧率和喷管入口特征温度最高；不同总水燃比时燃烧室内的水滴蒸发率变化不大，但总水流量的变化使得发动机水蒸气工质质量随水燃比的升高而增大；总水燃比增至3.27，且大于喷管入口气/液临界水燃比2.98（表6.13）时，镁滴燃烧率下降，且喷管入口特征温度为539.56 K，接近此时水的饱和温度（2.5 MPa 条件下为500 K），发动机内易出现两相流损失。

表6.17 不同总水燃比时燃烧室内镁滴燃烧率、水滴蒸发率和喷管入口特征温度

算 例	镁滴燃烧率/%	水滴蒸发率/%	喷管入口特征温度/K
Case 15	44.26	94.87	651.74
Case 05	46.43	94.64	662.33
Case 16	43.48	94.62	539.56

综合以上分析，当总水燃比较低时，增大总水燃比有利于镁/水充分燃烧，增加发动机工质；当总水燃比在喷管入口气/液临界水燃比附近时，喷管入口处流场温度接近水的饱和温度；继续增加总水燃比将使水蒸气凝结并导致两相流损失，发动机性能下降。因此，为避免燃烧室内出现水蒸气凝结现象，水冲压发动机总水燃比应低于其喷管入口气/液临界水燃比。

6.4.3 不同水燃比的试验研究

参照6.4.1.4小节设计结果，对Ⅰ型、Ⅱ型试验水冲压发动机分别进行了不同水燃比条件下的试验研究。试验采用50型水反应金属燃料，发动机结构简图见图4.2。

6.4.3.1 总水燃比的影响

基于Ⅰ型试验发动机，在6.2.3节中10-50-12号试验总水燃比2.90的基础上，分别进行了总水燃比为1.97和2.67的两次试验，对应试验编号10-50-16和10-50-07。两次试验设计工况：燃烧室压强2.5 MPa，一次水燃比0.8。图6.38、图6.39分别是10-50-16号和10-50-07号试验燃烧室压强-时间曲线，两次试验发动机都成功实现点火且工作正常。

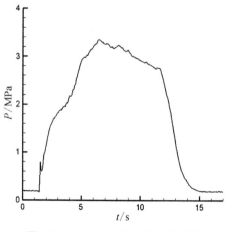

图6.38 10-50-16号试验燃烧室
压强-时间曲线

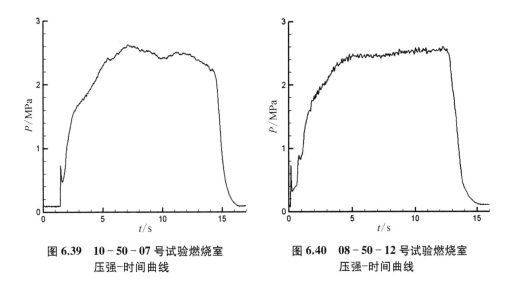

图 6.39　10－50－07 号试验燃烧室　　　　图 6.40　08－50－12 号试验燃烧室
压强-时间曲线　　　　　　　　　　　　压强-时间曲线

基于 Ⅱ 型试验发动机，在 6.2.3 节中 08－50－15 号试验总水燃比 2.85，以及 6.3.2.1 节中 08－50－24 号试验总水燃比 2.29 的基础上，进行了总水燃比为 3.02 的试验，试验编号 08－50－12。设计工况：燃烧室压强 2.5 MPa，一次水燃比 1.0。图 6.40 是 08－50－12 号试验燃烧室压强-时间曲线，发动机成功实现点火且工作正常。

表 6.18 是不同总水燃比下发动机试验结果，三次试验中一次水燃比基本满足各自设计要求，其中 10－50－16 号试验中燃烧室压强与设计值的偏差较大，这是由燃料预估燃速偏差引起，燃烧室压强偏高对发动机燃烧效率有一定提升作用，分析过程中应考虑该因素造成的影响。

表 6.18　不同总水燃比下发动机试验结果

试验编号	发动机构型	燃烧室压强/MPa	一次水燃比	二次水燃比	总水燃比	燃料燃速/(mm/s)
10－50－16	Ⅰ	3.05	0.80	1.17	1.97	14.91
10－50－07	Ⅰ	2.55	0.82	1.85	2.67	11.89/13.19
08－50－12	Ⅱ	2.42	1.04	1.98	3.02	13.05

试验编号	试验特征速度/(m/s)	理论特征速度/(m/s)	试验比冲/(N·s/kg)	理论比冲/(N·s/kg)	比冲效率/%	燃烧效率/%
10－50－16	733.81	944.48	2 779.94	4 150.79	66.97	77.69
10－50－07	648.77	827.47	2 946.13	4 400.09	66.96	78.40
08－50－12	624.21	769.02	3 308.30	4 382.43	75.49	81.17

对于Ⅰ型试验发动机,一次水燃比、总水燃比的设计值分别为0.80和2.50,如表6.13所示。在本节试验基础上,综合6.2.3节中10-50-12号试验结果(表6.7),在总水燃比为1.97、2.67和2.90的三次试验中,总水燃比为2.67时燃烧效率、比冲效率和比冲都达到最高,发动机性能达到最优,该总水燃比试验值与设计值相差较小。

对于Ⅱ型试验发动机,一次水燃比、总水燃比的设计值分别为1.0和2.90,如表6.13所示。在本节试验基础上综合6.2.3节中08-50-15号、6.3.2.1节中08-50-24号试验结果(表6.7、表6.12),在总水燃比分别为2.29、2.85和3.02的三次试验中,总水燃比为2.85时,燃烧效率、比冲效率和比冲都达到最高,发动机性能达到最优,该总水燃比试验值与设计值相近。

试验结果表明,按照所提出的总水燃比设计方法选取的总水燃比,其试验发动机性能更优,水冲压发动机总水燃比选取方法有效可行。

6.4.3.2 一次水燃比的影响

基于Ⅱ型试验发动机,在6.2.3节中08-50-15号试验一次水燃比1.02、总

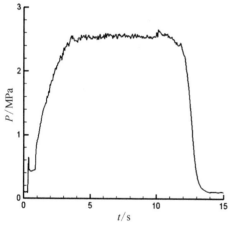

图6.41 08-50-14次试验燃烧室
压强-时间曲线

水燃比2.85的基础上,进行了相似总水燃比条件下一次水燃比为1.53的试验,试验编号08-50-14。设计燃烧室压强2.5 MPa,图6.41是08-50-14号试验燃烧室压强-时间曲线,试验发动机成功实现点火且工作正常。

表6.19是08-50-14次发动机试验结果,相比于08-50-15号试验,在工况相近的情况下,一次水燃比增加至1.53后,发动机燃烧效率从85.25%下降至80.28%,比冲效率从78.28%下降至74.66%。

另外,5.3.2.1小节中进行过Ⅱ型试验发动机的一次进水试验,编号07-50-01、07-50-02。该组试验体现了仅有一次进水情况下发动机性能随水燃比的变化,本节将其用于分析一次水燃比的影响。两次试验的设计燃烧室压强均为2.5 MPa,试验中一次水燃比分别为0.30和1.01。试验燃烧室-压强曲线如图5.16所示,试验结果如表5.2所示。由于低水燃比条件下,发动机喷管易出现沉积,致使试验燃烧室压强高于设计值。在水燃比很小、一次进水流量很低的情

表 6.19　08-50-14 次发动机试验结果

试验编号	发动机构型	燃烧室压强/MPa	一次水燃比	二次水燃比	总水燃比	燃料燃速/(mm/s)
08-50-14	Ⅱ	2.54	1.53	1.28	2.81	13.40

试验编号	试验特征速度/(m/s)	理论特征速度/(m/s)	试验比冲/(N·s/kg)	理论比冲/(N·s/kg)	比冲效率/%	燃烧效率/%
08-50-14	645.83	804.47	3 260.07	4 366.56	74.66	80.28

况下,07-50-01 号试验燃烧效率较高,但是水燃比低导致燃烧室内残渣增多,从而降低了比冲效率,因此,当一次水燃比为 1.01 时,07-50-02 号试验得到的比冲效率和比冲更高。

试验结果表明,按照所提出的一次水燃比设计方法选取一次水燃比,其试验发动机性能更优,水冲压发动机一次水燃比设计方法有效可行。

6.5　进水雾化特性对发动机内部燃烧过程的影响规律

6.5.1　不同进水雾化特性的数值模拟研究

水冲压发动机进水雾化特性包括喷雾的水滴粒径、雾化锥角和喷射速度等。经喷嘴雾化后的喷雾水滴粒径分布是不均匀的,研究过程中通常采用平均粒径表征水滴粒径的大小;雾化锥角是指喷雾雾锥的夹角;而穿透度则定义为静止介质中喷雾能够达到的最大距离,它主要由喷射速度决定,本节通过设置不同进水喷射速度来讨论穿透度的影响[188]。进水雾化特性直接影响着燃烧室内水的蒸发和掺混过程,因而具有重要的研究意义。

6.5.1.1　水滴粒径的影响

为讨论镁基水冲压发动机燃烧组织过程中水滴粒径的影响,本节对一次进水雾化水滴平均粒径为 50 μm、100 μm、150 μm 和 200 μm 时发动机内部燃烧过程进行数值模拟分析,各算例主要参数设置如表 6.20 所示。在 6.2.2.2 小节二次进水距离 350 mm 时的算例(Case 05)基础上,将一次进水雾化水滴 Rosin-Rammler 粒径分布更换为均一粒径分布,得到粒径为

50 μm、100 μm、150 μm 和 200 μm 时的数值计算结果。发动机燃烧室壁面网格如图 4.19 所示,燃气入口、一次进水口及二次进水口等其他边界条件设置如 4.4.2.2 小节所述。

表 6.20　不同一次进水水滴粒径的数值模拟算例设置

算　　例	一次进水平均粒径/μm
Case 17	50
Case 18	100
Case 19	150
Case 20	200

图 6.42 是不同一次进水水滴粒径时燃烧室内水滴质量沿轨迹变化。如图所示,水滴粒径为 50 μm 时,一次进水雾化水滴在短距离内即完全蒸发;随着水

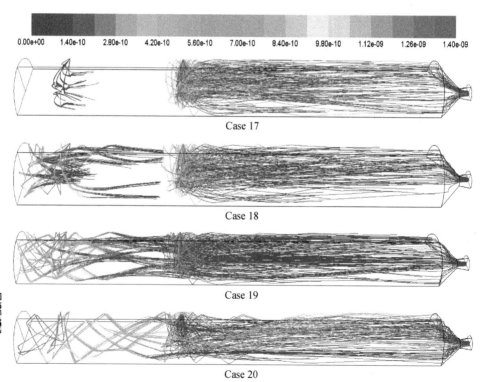

图 6.42　不同一次进水水滴粒径时燃烧室内水滴质量沿轨迹变化(单位: kg)

滴粒径的增大,一次进水水滴蒸发所需
要的距离增长;水滴粒径为 200 μm 时,
部分一次进水水滴直到喷管处还未蒸
发完毕。图 6.43、图 6.44 分别是不同
一次进水水滴粒径时燃烧室中心轴线
温度变化和轴对称面流场温度分布。
如图所示,随着一次进水水滴粒径的增
大,一次水反应区温度普遍升高,这是
由于水滴粒径增大后,部分水滴蒸发过
程持续到二次水反应区,其蒸发对一次
水反应区的吸热量减少。图 6.45 是不
同一次进水水滴粒径时燃烧室内镁滴

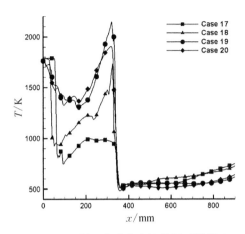

图 6.43　不同一次进水水滴粒径时燃烧室
中心轴线温度变化

着火率沿轴向变化。如图所示,一次进水水滴粒径为 50 μm 时,燃烧室内镁滴最

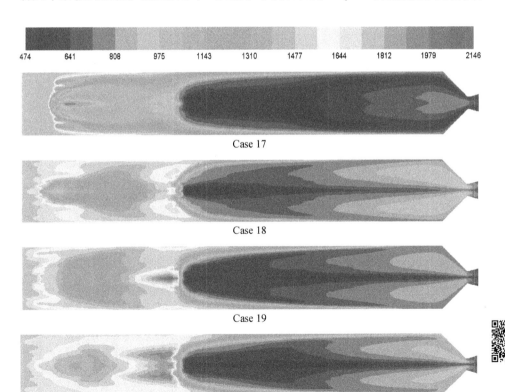

图 6.44　不同一次进水水滴粒径时燃烧室轴对称面流场温度分布(单位:K)

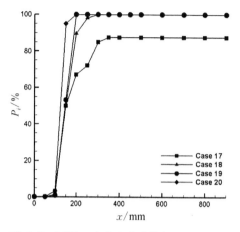

图 6.45　不同一次进水水滴粒径时燃烧室内镁滴着火率沿轴向变化

终达到的着火率最低,其余粒径时镁滴都能实现完全着火。表 6.21 是不同一次进水水滴粒径时燃烧室内镁滴燃烧率、水滴蒸发率和喷管入口特征温度。如表所示,一次进水水滴粒径为 50 μm 时燃烧室内镁滴燃烧率、水滴蒸发率以及喷管入口特征速度最低;一次进水水滴粒径为 100 μm、150 μm 和 200 μm 时,燃烧室内镁滴燃烧率相当;水滴蒸发率最高值出现在水滴粒径为 150 μm 时,喷管入口特征温度最高值出现在水滴粒径为 100 μm 时。

表 6.21　不同一次进水水滴粒径时燃烧室内镁滴燃烧率、
水滴蒸发率和喷管入口特征温度

算　例	镁滴燃烧率/%	水滴蒸发率/%	喷管入口特征温度/K
Case 17	42.94	94.02	587.07
Case 18	48.68	94.39	675.60
Case 19	48.71	96.52	615.54
Case 20	48.70	94.71	615.07

　　综合以上分析,一次进水水滴粒径很小时,水滴瞬间完全蒸发导致一次水反应区流场温度迅速下降,不利于镁滴着火和燃烧;一次进水水滴粒径增大后,水滴蒸发所经过的距离增长避免了水滴瞬间集中蒸发吸热,一次水反应区温度较高,有利于镁滴迅速着火和充分燃烧,燃烧室内流场温度普遍升高;一次进水水滴粒径较大时,部分水滴直至喷管处还未蒸发完毕,虽然其对镁/水燃烧影响较小,但水蒸气工质的减少不利于提高发动机性能。另外,根据发动机分区燃烧模型,二次进水主要用于提供发动机工质,其对镁/水燃烧过程影响较小,此时小粒径水滴迅速完全蒸发有利于缩短燃烧室设计长度。因此,在进行水冲压发动机喷嘴设计时,一次进水水滴平均粒径应该适中选择(150 μm 左右),二次进水水滴粒径可尽量小。

6.5.1.2　雾化锥角的影响

　　根据 6.3 节研究结果,本节一次进水角度选取为 45°,当一次进水雾化锥角大于 90°时,雾化水滴将撞击燃烧室壁面从而影响雾化效果。因此,为讨论镁基水冲压发动机燃烧组织过程中雾化锥角的影响,本节对一次进水雾化锥角分别为 60°和 90°时发动机内部燃烧过程进行数值模拟分析,各算例主要参数设置如表 6.22所示。其中,雾化锥角为 90°时的算例采用 6.2.2.2 小节中二次进水距离为 350 mm时(Case 05)的计算结果,以此为基础且在其他条件不变的情况下,通过减小一次进水雾化锥角得到 60°时的数值计算结果。发动机燃烧室壁面网格如图 4.19 所示,燃气入口、一次进水口及二次进水口等其他边界条件设置如 4.4.2.2 小节所述。

表 6.22　不同一次进水雾化锥角的数值模拟算例设置

算 例	一次进水雾化锥角/(°)
Case 21	60
Case 05	90

图 6.46 是不同一次进水雾化锥角时燃烧室内镁滴中镁金属质量沿轨迹变化。如图所示,一次进水雾化锥角为 60°时,部分镁滴始终未能着火燃烧,其中的镁金属质量直至喷管处还保持不变;一次进水雾化锥角为 90°时,未能着火的镁滴数量减少,且大部分镁滴在二次进水口之前已着火燃烧。图 6.47 是不同一次进水雾化锥角时燃烧室内镁滴着火率沿轴向变化。如图所示,一次进水雾化锥角增大后,燃烧室内镁滴最终能达到的着火率增加。

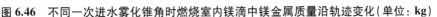

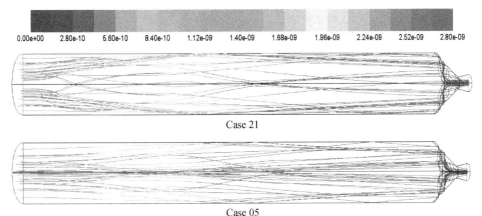

图 6.46　不同一次进水雾化锥角时燃烧室内镁滴中镁金属质量沿轨迹变化(单位: kg)

图 6.48 是不同一次进水雾化锥角时燃烧室轴对称面流场温度分布。如图所示,一次进水雾化锥角为 60°时,一次水反应区及其后的二次水反应区流场温度普遍较低,当雾化锥角增至 90°时,流场温度增加,图 6.49 所示的不同一次进

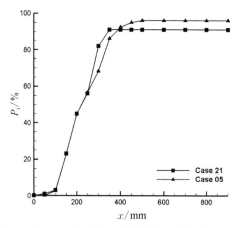

图 6.47 不同一次进水雾化锥角时燃烧室内镁滴着火率沿轴向变化

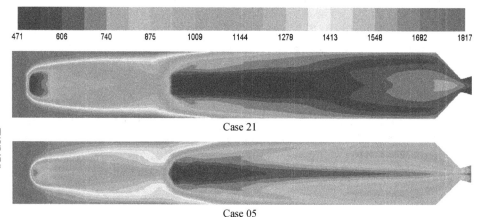

图 6.48 不同一次进水雾化锥角时燃烧室轴对称面流场温度分布(单位: K)

水雾化锥角时燃烧室中心轴线温度变化也体现了这一趋势。表 6.23 是不同一次进水雾化锥角时燃烧室内镁滴燃烧率、水滴蒸发率和喷管入口特征温度。如表所示,随着一次进水雾化锥角的增大,镁滴燃烧率、水滴蒸发率及喷管入口特征温度都相应增加。

表 6.23 不同一次进水雾化锥角时燃烧室内镁滴燃烧率、水滴蒸发率和喷管入口特征温度

算 例	镁滴燃烧率/%	水滴蒸发率/%	喷管入口特征温度/K
Case 21	41.41	93.56	605.42
Case 05	46.43	94.64	662.33

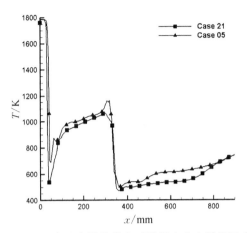

图 6.49　不同一次进水雾化锥角时燃烧室中心轴线温度变化

综合以上分析,在其他雾化特性不变的情况下,雾化锥角增大后,水滴与燃气流的掺混区域增大,有利于提高镁/水掺混燃烧效果,燃烧室内流场温度普遍升高;另外,一次进水雾化锥角受到一次进水角度的限制,必须防止雾化水滴碰撞燃烧室壁面从而影响雾化效果。因此,水冲压发动机在进行喷嘴雾化锥角设计时,在雾化水滴不与所在燃烧室壁面发生碰撞时,应尽量选择大雾化锥角。

6.5.1.3　喷射速度的影响

讨论镁基水冲压发动机燃烧组织过程中喷射速度的影响,本节对一次进水喷射速度分别为 20 m/s、38 m/s 和 50 m/s 时发动机内部燃烧过程进行数值模拟分析,各算例主要参数设置如表 6.24 所示。其中,喷射速度为 38 m/s 时的算例采用 6.2.2.2 节中二次进水距离 350 mm 时(Case 05)的计算结果,以此为基础且在其他条件不变的情况下,通过改变一次进水喷射速度得到 20 m/s 和 50 m/s 时的数值计算结果。发动机燃烧室壁面网格如图 4.19 所示,燃气入口、一次进水口及二次进水口等其他边界条件设置按 4.4.2.2 小节所述。

表 6.24　不同一次进水喷射速度的数值模拟算例设置

算　　例	一次进水喷射速度/(m/s)
Case 22	20
Case 05	38
Case 23	50

图 6.50 是不同一次进水喷射速度时燃烧室内镁滴着火率沿轴向变化。图 6.51 是不同一次进水喷射速度时燃烧室内镁滴中镁金属质量沿轨迹变化。一次

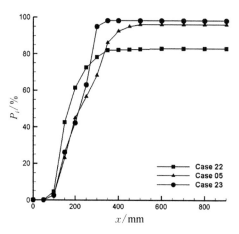

进水喷射速度为 20 m/s 时,部分镁滴始终未能着火燃烧,其中的镁金属质量直至喷管处还保持不变;随着喷射速度的增大,未能着火的镁滴数量减少,且大部分镁滴在二次进水口之前已着火燃烧。图 6.52 是不同一次进水喷射速度时燃烧室内水滴质量沿轨迹变化。一次进水喷射速度为 20 m/s 时,其在发动机轴向的分速度较低,水滴向上游燃气入口边界方向运动的距离较短。图 6.53 是不同一次进水喷射速度时 $\theta = 45°$ 轴截面上一次进水口附近($x = 0 \sim$

图 6.50 不同一次进水喷射速度时燃烧室内镁滴着火率沿轴向变化

200 mm)流线图,其中,一次进水口位于 $\theta = 45°$ 轴截面上 $x = 100$ mm 处(即图示区域上方边界中央),云图表示流场涡强分布。一次进水发动机轴向分速度与燃气主流速度相反,在气流剪切作用下,流场内出现回流区;喷射速度为 20 m/s

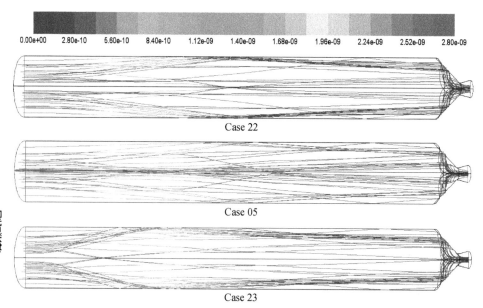

Case 22

Case 05

Case 23

图 6.51 不同一次进水喷射速度时燃烧室内镁滴中镁金属质量沿轨迹变化(单位: kg)

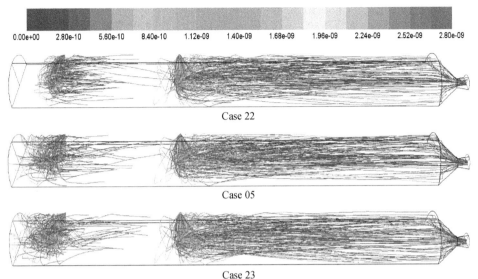

图 6.52　不同一次进水喷射速度时燃烧室内水滴质量沿轨迹变化(单位: kg)

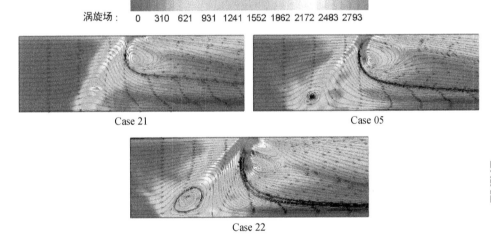

图 6.53　不同一次进水喷射速度时 $\theta = 45°$ 轴截面上一次
进水口附近 ($x = 0 \sim 200$ mm) 流线图

时,流场内只在一次进水口后方出现回流区,而喷射速度为 38 m/s 和 50 m/s 时,一次进水口后方以及前部靠近燃气入口边界的中心区域均出现回流区;随着喷射速度的增大,流场内回流区的涡强强度增大,水滴与燃气流的掺混强度增强,对于扩散控制的镁/水燃烧,这也有利于加速镁/水反应的进行。

图 6.54、图 6.55 是不同一次进水喷射速度时燃烧室轴对称面流场温度分布和燃烧室中心轴线温度变化。如图所示,不同的一次进水喷射速度中,速度为 20 m/s 时流场温度普遍偏低。表 6.25 是不同一次进水喷射速度时燃烧室内镁滴燃烧率、水滴蒸发率和喷管入口特征温度。如表所示,喷射速度为 20 m/s 时,燃烧室内镁滴燃烧率和喷管入口特征速度最低;喷射速度为 38 m/s 和 50 m/s 时,镁滴燃烧率和水滴蒸发率相差不大。

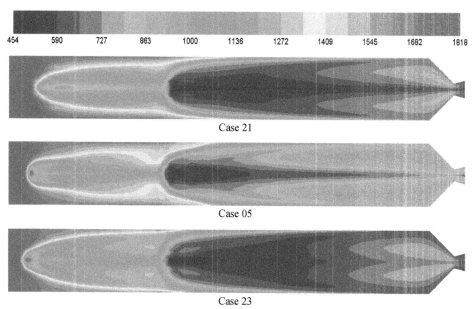

图 6.54 不同一次进水喷射速度时燃烧室轴对称面流场温度分布(单位: K)

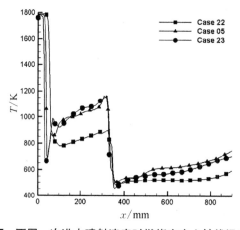

图 6.55 不同一次进水喷射速度时燃烧室中心轴线温度变化

表 6.25　不同一次进水喷射速度时燃烧室内镁滴燃烧率、
水滴蒸发率和喷管入口特征温度

算　例	镁滴燃烧率/%	水滴蒸发率/%	喷管入口特征温度/K
Case 22	41.52	94.76	597.27
Case 05	46.43	94.64	662.33
Case 23	46.24	94.86	622.98

综合以上分析,一次进水喷射速度较小时,水滴与燃气流的掺混强度较弱,不利于镁滴的着火燃烧;喷射速度增大后,水滴与燃气流掺混增强,镁/水燃烧加剧,一次水反应区温度升高,有利于镁滴迅速着火燃烧,且流场温度升高使燃烧室内的水滴蒸发量也增大;当喷射速度继续增大到一定程度后,其对镁/水掺混燃烧的影响减小,且喷射速度过快使水滴向上游运动,不利于燃料燃面附近的自持燃烧区以及一次水反应区温度保持稳定。因此,在进行水冲压发动机喷嘴设计时,进水喷射速度应选择适中(40 m/s 左右)。

6.5.2　不同进水雾化特性的试验研究

对于同一型号喷嘴,不同的喷注压降将导致进水雾化特性(喷射速度、水滴平均粒径等)发生改变。在水冲压发动机试验研究中广泛采用了离心式喷嘴,对于该类喷嘴,水的喷射速度主要由喷嘴的喷注压降决定,随着喷注压降的升高,水的喷射速度增大,水滴平均粒径减小;雾化锥角则主要由喷嘴喷口的尺寸和形状决定,但喷注压降对其也有小程度的影响,随着喷注压降的升高,雾化锥角会稍有减小。

为确定进水雾化特性对水冲压发动机性能的影响,按照提出的燃烧组织方法设计试验进行相同工况下不同一次进水喷注压降的发动机试验研究,选取 5.2.3 节的 10-73-05 号试验和 5.2.4 节的 10-73-06 号试验进行讨论。两次试验均采用 73 型水反应金属燃料,Ⅱ型发动机且喷管喉径相同,二次进水喷注压降保持不变,发动机设计工况:燃烧室压强 3.0 MPa,一次水燃比 1.0,二次水燃比 1.6。试验燃烧室压强-时间曲线如图 5.8、图 5.9 所示,发动机成功实现点火且工作正常。

表 6.26 是不同喷注压降下发动机试验结果,两次试验工况都与设计值相近,但一次进水喷注压降从 0.62 MPa 升高到 0.93 MPa。文献[184]中对不同喷注压降下的试验离心式喷嘴的雾化平均粒径进行了测量,喷注压降从 0.5 MPa

增加到 0.8 MPa，水滴平均粒径由 105 μm 减小到 100 μm。另外，根据不可压流的伯努利方程，喷射速度与喷注压降的平方根呈正比，于是计算喷注压降从 0.62 MPa 升高到 0.93 MPa 时，喷射速度增大 0.22 倍。可见，喷注压降在该范围内变化时，水滴粒径和喷射速度都有一定程度的变化。如表 6.26 所示，喷注压降增大后，10 - 73 - 06 号试验的比冲、比冲效率及燃烧效率均有提高。试验结果表明，一次进水喷注压降改变其雾化特性改变后，水冲压发动机性能得到明显改善。

表 6.26　不同喷注压降下发动机试验结果

试验编号	一次进水喷注压降/MPa	燃烧室压强/MPa	燃料燃速/(mm/s)	一次水燃比	二次水燃比	总水燃比
10 - 73 - 05	0.62	2.98	24.67	1.02	1.51	2.53
10 - 73 - 06	0.93	3.05	24.29	1.05	1.56	2.61

试验编号	试验特征速度/(m/s)	理论特征速度/(m/s)	试验比冲/(N·s/kg)	理论比冲/(N·s/kg)	比冲效率/%	燃烧效率/%
10 - 73 - 05	839.44	966.87	3 643.79	4 922.36	74.03	86.82
10 - 73 - 06	865.53	950.96	3 802.22	4 975.79	76.41	91.02

6.6　小结

水冲压发动机工作过程中其内部燃烧属于多相湍流燃烧，包含一系列相互耦合的物理化学过程。为掌握镁基水冲压发动机内部燃烧组织方法，进一步提高发动机性能，本章采用理论计算、数值模拟和直连试验相结合的方法，研究了发动机燃烧室长度、进水距离、进水角度、水燃比及进水雾化特性等对发动机内部燃烧的影响规律，主要工作和结论如下。

（1）建立了水冲压发动机燃烧室长度及进水距离设计方法，掌握了进水距离对发动机内部燃烧过程的影响规律。根据发动机分区燃烧模型提出了燃烧室长度及进水距离设计准则。通过计算燃烧室内水滴、镁滴的寿命及燃气流速度即可获得相应的长度和距离。通过不同构型的发动机直连试验，验证了燃烧室长度和一次、二次进水距离设计方法能够有效提高发动机性能。

（2）掌握了进水角度对发动机内部燃烧过程的影响规律，确定了水冲压发动机两次进水的进水角度。通过不同一次进水角度的发动机直连试验,水冲压发动机中一次进水角度为 45°时发动机性能更优。

（3）建立了水冲压发动机水燃比设计方法,掌握了水燃比对发动机内部燃烧过程的影响规律。通过热力计算与理论分析定义了完全反应水燃比、最优理论水燃比、着火临界水燃比与气/液临界水燃比,根据发动机分区燃烧模型描述的内部燃烧特性与规律,选取一次水燃比高于完全反应水燃比且略低于着火临界水燃比,选取总水燃比高于喷管出口气/液临界水燃比且略低于喷管入口气/液临界水燃比。通过不同水燃比的发动机直连试验,验证了水燃比设计方法能够有效提高发动机性能。

（4）获得了进水雾化特性对水冲压发动机内部燃烧的影响规律。一次进水水滴平均粒径应该适中选择,二次进水水滴粒径可尽量小。对于雾化锥角而言,在雾化水滴不与所在燃烧室壁面发生碰撞时,应尽量选择大雾化锥角。对于喷射速度而言,进水喷射速度应适中选择。采用 73 型高金属含量镁基水反应金属燃料,以所提出的发动机燃烧组织方法设计水冲压发动机试验,进行不同喷注压降条件下的发动机直连试验,验证了进水雾化特性变化对发动机性能的改善,发动机燃烧效率达到 91.02%。

参 考 文 献

［1］尹韶平,杨芸.鱼雷总体技术的发展与展望[J].鱼雷技术,2005,13(03):1-5.

［2］陈竞.新概念武器-超空泡水下高速武器[J].飞航导弹,2004,10:34-37.

［3］傅金祝.超空泡水中兵器[J].水雷战与舰船防护,1998,2:2-4.

［4］Hargrove J. Supercavitation and aerospace technology in the development of high-speed underwater vehicles[R]. Reno:Aerospace Sciences Meeting and Exhibit, 2004.

［5］Owis F M, Nayfeh A H. A compressible multi-phase flow solver for the computation of the supercavitation over high-speed torpedo [R]. Reno:Aerospace Sciences Meeting and Exhibit, 2002.

［6］甘工昌,高国栋,王进兴.低噪声鱼雷热动力装置设计技术研究[J].鱼雷技术,2005,13(1):22-25.

［7］姜忆初.电动鱼雷用动力电源及其发展方向[J].船电技术,2005,5:46-48.

［8］蔡生年.国外鱼雷动力电池的发展及应用[J].鱼雷技术,2003,11(1):12-16.

［9］崔绪生.国外鱼雷技术进展综述[J].鱼雷技术,2003,11(1):6-11.

［10］刘伟.外军的鱼雷及鱼雷防御技术[J].现代军事,2005,5:34-37.

［11］查志武.鱼雷动力技术发展展望[J].鱼雷技术,2005,13(1):1-4.

［12］缪万波.水反应冲压发动机内部工作过程理论与试验研究[D].长沙:国防科学技术大学,2007.

［13］Rand R. Impact Dynamics of a supercavitating underwater projectile[C]. Sacramento:Design Engineering Technical Conferences, 1997.

［14］王鹏,王树宗.应用在鱼雷上的超空泡技术分析[J].舰船科学技术,2005,27(2):77-80.

［15］周杰,王树宗.超空泡鱼雷推进系统相关问题设计初探[J].鱼雷技术,2006,14(5):27-30.

［16］Kiely D H. Review of underwater thermal propulsion [C]. Indianapolis:Joint Propulsion Conference, 1994.

［17］Board N S. An assessment of undersea weapons science and technology[R]. Washington:National Academies Press, 2000.

［18］Foote J P, Lineberry J T, Thompson B R, et al. Investigation of aluminum particle combustion for underwater propulsion applications [C]. Lake Buena Vista:32nd Joint Propulsion Conference and Exhibit, 1996.

［19］Foote J P, Thompson B R, Lineberry J T. Combustion of aluminum with steam for underwater propulsion［J］. Advances in Chemical Propulsion, 2001: 133 – 146.

［20］Daniel F W, Christopher P C. Modeling a hybrid Rankine-cycle/SOFC UUV propulsion system powered by aluminum–water combustion［C］. AIAA 2012 – 1134, 2012.

［21］胡凡, 张为华, 夏智勋, 等. 水反应金属燃料发动机初步试验［J］. 推进技术, 2008, 29 (3): 367 – 370.

［22］Kullkarni S S. Studies on the dynamics of a supercavitating projectile［J］. Applied Mathematical Modeling, 2000, 24(2): 113 – 129.

［23］Castano J M, Kuklinski R. High-speed super cavitating underwater vehicle［P］. US6739266 B1. 2004.

［24］阿列玛索夫. 火箭发动机原理［M］. 张中钦, 庄逢辰, 译. 北京: 中国宇航出版社, 1993.

［25］Hu J, Xia Z, Wang Z, et al. Experimental investigation and numerical simulation of secondary chamber flow in SDR［C］. Fort Lauderdale: 40th AIAA/ASME/SAE/ASEE Joint Propulsion Conference and Exhibit, 2004.

［26］DesJardin P E, Felske J D, Carrara M D. Mechanistic model for aluminum particle ignition and combustion in air［J］. Journal of Propulsion and Power, 2005, 21(3): 478 – 485.

［27］Rosenband V. Thermo-mechanical aspects of the heterogeneous ignition of metals［J］. Combustion and Flame, 2004, 137(3): 366 – 375.

［28］Brzustowski T A, Glassman I. Vapor-phase diffusion flames in the combustion of magnesium and aluminum: I. Analytical developments［C］. Palm Beach: Heterogeneous Combustion Conference, 1963.

［29］Bartlett R W, Ong J N. Estimating aluminum particle combustion kinetics［J］. combustion and Flame, 1963, 7(3): 227 – 234.

［30］Law C K. A simplified theoretical model for the vapor-phase combustion of metal particles［J］. Combustion Science and Technology, 1973, 7: 197 – 212.

［31］Law C K. Models for metal particles combustion with extended flame zones［J］. Combustion Science and Technology, 1976, 12: 113 – 124.

［32］姚娜. 整体式固体火箭冲压发动机热力计算研究［D］. 西安: 西北工业大学, 2001.

［33］Abbud-Madrid A, Stroud C, Omaly P, et al. Combustion of bulk magnesium in carbon dioxide under reduced-gravity conditions［C］. Reno: 37th Aerospace Sciences Meeting and Exhibit, 1999.

［34］海天. 未来海战的杀手锏——新概念武器之超高速、超空泡、反鱼雷鱼雷武器［J］. 舰载武器, 2005, 12: 72 – 80.

［35］李智欣, 汤龙生, 凌文辉. 水冲压发动机系统几种工况下的能量计算［C］. 吉林: 2005 年冲压发动机技术交流会, 2005.

［36］蒋雪辉, 李亿民, 宋晓伟. 水冲压发动机性能计算方法［C］. 吉林: 2005 年冲压发动机技术交流会, 2005.

［37］何洪庆, 潘洪亮, 姚娜. 海水固冲发动机性能初估［C］. 吉林: 2005 年冲压发动机技术交流会, 2005.

［38］罗凯, 党建军, 王育才, 等. 金属水反应水冲压发动机系统性能估算［J］. 推进技术, 2004,

25(6)：495－498.

[39] 王建儒,任全彬,陆贺建.水冲压发动机原理性研究[C].成都：中国宇航学会固体火箭推进第 22 届年会,2005.

[40] 缪万波,夏智勋,郭健,等.金属/水反应冲压发动机理论性能计算与分析[J].推进技术,2005,26(6)：563－566.

[41] 缪万波,夏智勋.金属/水反应冲压发动机概念研究[C].吉林：2005 年冲压发动机技术交流会,2005.

[42] 赵卫兵,史小峰,伊寅,等.水反应金属燃料在超高速鱼雷推进系统中的应用[J].火炸药学报,2006,29(5)：53－56.

[43] 郑邶勇.铝水推进系统的现状与发展前景[J].舰船科学与技术,2003,25(5)：24－25.

[44] 郑邶勇,王永昌.铝水反应机理的试验研究与分析[J].舰船科学与技术,2005,27(3)：81－83.

[45] 李芳,张为华,张炜,等.铝基水反应金属燃料性能初步研究[J].国防科技大学学报,2005,27(4)：4－7.

[46] 李是良,张炜,朱慧,等.水冲压发动机用金属燃料的研究进展[J].火炸药学报,2006,29(6)：69－73.

[47] 张运刚,庞爱民,张文刚,等.金属基燃料与水反应研究现状及应用前景[J].固体火箭技术,2006,29(1)：52－55.

[48] 张文刚,刘建红,肖金武.水冲压发动机用金属基燃料技术研究进展[C].吉林：2005 年冲压发动机技术交流会,2005.

[49] 孙展鹏,乐发仁.铝/水反应机理初探[J].化学推进剂与高分子材料,2006,4(2)：37－39.

[50] 申慧君.粉末燃料冲压发动机关键技术的探索与研究[D].长沙：国防科学技术大学,2008.

[51] Modak A, Dreyer C, Abbud-Madrid A, et al. Numerical simulation of the structure of metal/carbon-dioxide flames in microgravity[C]. Reno：38th Aerospace Sciences Meeting and Exhibit, 2000.

[52] Dreizin E L, Hoffmann V K. Experiments on magnesium aerosol combustion in microgravity[J]. Combustion and Flame, 2000, 122(1/2)：20－29.

[53] Dreyer C, Daily J, Abbud-Madrid A. PLIF measurements of magnesium oxide during combustion of magnesium[C]. AIAA 2001－0788, 2001.

[54] Abbud-Madrid A, Branch M C, Daily J W. On the burning behavior of radiatively ignited bulk titanium and magnesium in low gravity[C]. Reno：34th Aerospace Sciences Meeting and Exhibit, 1996.

[55] Legrand B, Mario M, Chauveau C, et al. Ignition and combustion of levitated magnesium and aluminum particles in carbon dioxide[J]. Combustion Science and Technology, 2001, 165(1)：151－174.

[56] Dreizin E L, Hoffmann V K. Constant pressure combustion of aerosol of coarse magnesium particles in microgravity[J]. Combustion and Flame, 1999, 118(1)：262－280.

[57] Legrand B, Shafirovich E, Marion M, et al. Studies on the burning of levitated magnesium

particles in CO_2[C]. Reno: 36th AIAA Aerospace Sciences Meeting and Exhibit, 1998.

[58] Linnell J A, Miller T F. A preliminary design of a magnesium fueled martian ramjet engine [C]. Indianapolis: 38th AIAA/ASME/SAE/ASEE Joint Propulsion Conference and Exhibit, 2002.

[59] Miller T, Garza A. Finite rate calculation of magnesium combustion in vitiated oxygen and steam atmospheres [C]. San Diego: 4th International Energy Conversion Engineering Conference and Exhibit, 2006.

[60] Chozev Y, Kol J. Experimental investigation of magnesium combustion in steam [C]. Monterey California Naval Postgraduate School: AIAA-86-1497, 1985.

[61] Rosenband V, Gany A, Timnant Y N. Magnesium and boron particles burning in hot steam atmosphere[J]. Defense Science Journal, 1998, 48(3): 309-315.

[62] Prachukho V P, Ozerov E S, Yurinov A A. Burning of magnesium particles in water vapor [J]. Fizika Gorenia i Vzryva, 1970, 7(2): 195-198.

[63] 杨琼编译.俄罗斯的"暴风雪"高速鱼雷[J].水雷战与舰船防护,2005(2): 57-58.

[64] Miller T F. A high-pressure, continuous-operation cyclone separator using a water-generated flow restriction[J]. Powder Technology, 2002, 122: 61-68.

[65] 郑邗勇.铝水推进系统现状与发展前景[J].舰船科学技术,2003,25(5): 24-25.

[66] 范美强,曾巨澜,邹勇进,等.铝水推进剂用铝基复合材料的制备及性能研究[J].固体火箭技术,2007,30(6): 510-513.

[67] 陈支厦,郑邗勇,王树峰,等.含能粘合剂 BGAP 在水反应金属燃料中的应用研究[J].舰船科学技术,2009,31(1): 124-127.

[68] 李是良,张炜,周星,等.镁基水反应金属燃料一次燃烧波特性研究[J].固体火箭技术,2009,32(2): 197-200.

[69] 李是良,张炜.镁基水反应金属燃料的热分解性能[J].推进技术,2009,30(12): 740-744.

[70] 周星,张炜,李是良.镁粉的高温水反应特性研究[J].固体火箭技术,2009,32(3): 302-305.

[71] 周星.镁基水反应金属燃料与水反应特性研究[D].长沙:国防科学技术大学,2010.

[72] 陈超,王英红,张放利.铝粉粒径对高铝含量富燃料推进剂一次燃烧性能的影响[J].固体火箭技术,2010,33(6): 670-674.

[73] Zenin, A. Study of combustion mechanism of new polymer/oxidizer mixtures [R]. ADA403097, 2002.

[74] Zenin A. Physics of combustion of new oxidizer/polymer mixtures[R]. ADA420008, 2004.

[75] Chen D M, Hsieh W H. Combustion behavior and thermophysical properties of metal-based solid fuels[J]. Journal of Propulsion and Power, 1991, 7(2): 250-257.

[76] Modiano S H, Vanderhoff J A. Multichannel infrared (IR) absorption spectroscopy applied to solid propellant flames[R]. ADA302785, 1996.

[77] Schroeder M A, Fifer R A. Condensed-phase processes during combustion of solid gun propellants. I. Nitrate ester propellants[J]. Combustion and Flame, 2001, 126: 1569-1576.

[78] Korobeinichev O P, Paletsky A A, Tereschenko A G, et al. Combustion chemistry of

composite solid propellants based on nitramine and high energetic binders [R]. ADA440834, 2006.

[79] Korobeinichev O P, Kuibida L V, Paletsky A A, et al. Development and application of molecular beam mass-spectrometry to the study of ADN combustion chemistry[C]. Reno: 36th AIAA Aerospace Sciences Meeting and Exhibit, 1998.

[80] Korobeinichev O P, Kuibida L V, Shmakov A G, et al. GAP decomposition and combustion chemistry studied by molecular beam mass-spectrometry[C]. Reno: 37th Aerospace Sciences Meeting and Exhibit, 1999.

[81] Xiao Y, Amano R, Cai T, et al. X-ray real time radiography technique to determine the velocities of particles on the solid propellant surface[C]. Reno: 39th Aerospace Sciences Meeting and Exhibit, 2001.

[82] Xiao Y, Amano R S. Velocity of particles on solid propellant surface[C]. Reno: 40th AIAA Aerospace Sciences Meeting and Exhibit, 2002.

[83] Cauty F. Investigation in energetic materials combustion: a strategy for numerical simulation validation[C]. Sacramento: 42nd AIAA/ASME/SAE/ASEE Joint Propulsion Conference and Exhibit, 2006.

[84] Cauty F. Investigation in energetic materials combustion: solid propellant flame structure and temperature profile [C]. Nashville: 46th AIAA/ASME/SAE/ASEE Joint Propulsion Conference and Exhibit, 2007.

[85] Stufflebeam J H. CARS diagnostics for solid propellant combustion investigation [R]. ADA249650, 1992.

[86] Cerri S, Galfetti L, Deluca L T, et al. Experimental investigation of the condensed combustion products of micro aluminized solid rocket propellants [R]. AIAA 2007 - 5766, 2007.

[87] Kakami A, Masaki S, Horisawa H, et al. Solid propellant microthruster using laser-assisted combustion [C]. San Jose: 49th AIAA/ASME/SAE/ASEE Joint Propulsion Conference, 2004.

[88] Kakami A, Hiyamzu R, Shuzenji K, et al. Laser-assisted combustion of solid propellants[C]. Cincinnati: 43rd AIAA/ASME/SAE/ASEE Joint Propulsion Conference and Exhibit, 2007.

[89] 王瑛,孙志华,赵凤起,等.NEPE 推进剂燃烧机理研究[J].火炸药学报,2000,23(4): 24-26.

[90] 董存胜,陆殿林.用钨铼微热电偶测温技术研究固体推进剂的燃烧波结构[J].火炸药, 1995,18(2): 22-26.

[91] 李春喜,赵明,赵凤起,等.CARS 技术及其在火炸药燃烧诊断中的应用[J].含能材料, 2001,9(3): 133-135.

[92] 郝海霞,李春喜,王江宁,等.推进剂火焰烟尘对 CARS 测温精度的影响[J].火炸药学 报,2005,28(2): 23-25.

[93] 张小平,李葆萱,汪越,等.NEPE 推进剂的高压燃烧特性研究[J].推进技术,2008,29 (4): 508-512.

[94] 秦能,张超,王明星.低燃速低燃温双基推进剂燃速与燃烧波特征量的相关性研究[J].

含能材料,2010,18(1): 110-114.

[95] 张杰.固体推进剂燃烧波温度分布测定[J].固体火箭技术,2005,28(3): 228-231.

[96] 赵文华,朱曙光,李岩.用相对强度法测量固体推进剂火焰温度分布[J].光谱学与光谱分析,2004,24(9): 1144-1147.

[97] 刘佩进,陈敬平,李葆萱.丁羟/铝镁富燃推进剂燃烧实验[J].推进技术,2002,23(4): 342-345.

[98] 王英红,李葆萱,李进贤,等.含硼富燃料推进剂燃烧机理研究[J].推进技术,2005,26 (2): 178-183.

[99] Lee W M. Aluminum Powder/water reaction ignited by electrical pulsed power[R]. AD-A269 223, 1993.

[100] Lee W M, Ford R D. Effect of mechanical agitation on fuse opening switch efficiency[J]. The Review of Scientific Instruments, 1988, 59(5): 813-815.

[101] Lee W M, Ford R D. Pressure measurements correlated with electrical explosion of metals in water[J]. Journal of Applied Physics, 1988, 64(8): 3851-3854.

[102] Lee W M, Ford R D. Effective coupling of pulsed power to chemically reactive systems[C]. Monterey: 7th IEEE Pulsed Power Conference, 1989.

[103] Lee W M. Effect of current pulse shape on driving metal/water chemical reaction[C]. San Diego: 8th IEEE International Pulsed Power Conference, 1991.

[104] Miller T F, Walter J L, Kiely D H. A next-generation AUV energy system based on aluminum-seawater combustion[C]. San Antonio: Proceedings of the 2002 Workshop on Autonomous Underwater Vehicles, 2002.

[105] 李芳,张为华,张炜,等.水反应金属燃料能量特性分析[J].固体火箭技术,2005,28 (4): 256-259.

[106] 胡凡,张卫华,夏智勋,等.金属燃料/水冲压发动机一次进水试验[J].航空动力学报, 2008,23(10): 1949-1952.

[107] 胡凡.镁基燃料水冲压发动机理论分析与试验研究[D].长沙:国防科学技术大学,2008.

[108] 李是良,张炜,张为华,等.镁基水反应金属燃料及水冲压发动机初步试验[J].国防科技大学学报,2007,29(1): 35-38.

[109] Liang P Y, Ungewitter R J. Multi-phase simulations of coaxial injector combustion[C]. Reno: 30th Aerospace Sciences Meeting and Exhibit, 1992.

[110] Liang P Y, Jensen R J, Chang Y M. Numerical analysis of SSNE preburner injector atomization and combustion process[J]. Journal of Propulsion and Power, 1987, 3(6): 508-514.

[111] Tang Y L, Schuman M D. Numerical modeling of liquid-liquid bi-propellant droplet/gas reacting flows[C]. Reno: 30th Aerospace Sciences Meeting and Exhibit, 1992.

[112] Lankford D W, Simmons M A, Heikkinen B D. A detailed numerical simulation of a liquid-propellant rocket engine ground test experiment[C]. Nashville: 28th Joint Propulsion Conference and Exhibit, 1992.

[113] Dang A L, Navaz H K, Rangel R H. Numerical analysis of bipropellant combustion in liquid

thrust chambers by an Eulerian-Eulerian approach[C]. Nashville：28th Joint Propulsion Conference and Exhibit, 1992.

[114] 费继友,俞炳丰,夏学礼.二维火箭发动机燃烧室化学反应粘性流场的数值模拟[J].贵州工业大学学报(自然科学版),2001,30(3)：40-45.

[115] 费继友,俞炳丰,夏学礼,等.二维火箭发动机燃烧室化学反应粘性流场的数值模拟与实验验证[J].火炸药学报,2002,(4)：45-48.

[116] 费继友,俞炳丰,张杰,等.液体火箭发动机推力室粘性流场数值模拟和实验验证[J].推进技术,2003,24(4)：292-295.

[117] 冯喜平,何洪庆,葛李虎.预燃室三维湍流和燃烧过程的数值模拟(I)计算模型和方法[J].推进技术,2002,23(2)：121-125.

[118] 冯喜平,何洪庆,葛李虎.预燃室三维湍流和燃烧过程的数值模拟(Ⅱ)数值模拟结果及分析[J].推进技术,2002,23(3)：193-197.

[119] 林志勇,周进.三组元发动机氢的质量分数对燃烧流场影响的数值研究[J].热科学与技术,2004,3(1)：81-85.

[120] 林志勇,罗世彬,田章福,等.双工况氢氧发动机燃烧与传热数值分析[J].推进技术,2003,24(3)：254-258.

[121] Vittal B V R, Tabakoff W. Effect of solid particles in two phase flow around a two dimensional cylinder[C]. Reno：24th Aerospace Sciences Meeting, 1986.

[122] Golafshani M, Loh H T. Computation of two-phase viscous flow in solid rocket motors using a flux-split Eulerian-Lagrangian technique [C]. Monterey：25th Joint Propulsion Conference, 1989.

[123] Ciucci A, Iaccarino G. Numerical analysis of the turbulent flow and alumina particle trajectories in solid rocket motors[C]. Seattle：33rd Joint Propulsion Conference and Exhibit, 1997.

[124] Ciucci A, Iaccarino G, Amato M. Numerical investigation of 3d two-phase turbulent flows in solid rocket motors[C]. Cleveland：34th AIAA/ASME/SAE/ASEE Joint Propulsion Conference and Exhibit, 1998.

[125] Cesco N, Lavergne G, estivalezes J L. Simulation of two phase flow in solid rocket motors [C]. Lake Buena Vista：32nd Joint Propulsion Conference and Exhibit, 1996.

[126] Natan B, Gany A. Ignition and combustion characteristics of individual born particles in the flow field of a solid fuel ramjet[C]. San Diego：23rd Joint Propulsion Conference, 1987.

[127] Natan B, Gany A. Ignition and Combustion Boron Particles in the Flow Field of a Solid Fuel Ramjet[C]. San Diego：23rd Joint Propulsion Conference, 1991.

[128] 胡建新,夏智勋,王志吉,等.非壅塞固体火箭冲压发动机补燃室内流场数值模拟研究[J].固体火箭技术,2002,25(3)：12-16.

[129] 胡建新,夏智勋,刘君,等.非壅塞火箭冲压发动机补燃室两相流数值模拟研究[J].推进技术,2004,25(3)：193-195.

[130] 胡建新.含硼推进剂固体火箭冲压发动机补燃室工作过程研究[D].长沙：国防科学技术大学,2006.

[131] Knuth W J, Chiaverini M J, Gramer D J, et al. Solid-fuel regression rate and combustion

behavior of vortex hybrid rocket engines[C]. Los Angeles: 35th Joint Propulsion Conference and Exhibit, 1999.

[132] Sauer J A, Knuth W J, Malecki M J, et al. Develpment of a Lox/Rp-1 Vortex combustion cold-wall thrust chamber assembly[C]. Indianapolis: 38th AIAA/ASME/SAE/ASEE Joint Propulsion Conference and Exhibit, 2002.

[133] Chiaverini M J, Malecki M J, Sauer J A, et al. Vortex combustion chamber development for future liquid rocket engine applications[C]. Indianapolis: 38th AIAA/ASME/SAE/ASEE Joint Propulsion Conference and Exhibit, 2002.

[134] Fang D, Majdalani J. Hot flow model of the vortex cold wall liquid rocket[C]. Fort Lauderdale: 40th AIAA/ASME/SAE/ASEE Joint Propulsion Conference and Exhibit, 2004.

[135] Majdalani J, Fang D. On the bidirectional vortex and other similarity solutions in spherical geometry[C]. Fort Lauderdale: 40th AIAA/ASME/SAE/ASEE Joint Propulsion Conference and Exhibit, 2004.

[136] Majdalani J, Vyas A B. Rotational axisymmetric mean flow for the vortex injection hybrid rocket engine[C]. Fort Lauderdale: 40th AIAA/ASME/SAE/ASEE Joint Propulsion Conference and Exhibit, 2004.

[137] Cho D H, Armstrong D R, Anderson R P. Combined vapor and chemical explosions of metals and water[J]. Nuclear Engineering and Design, 1995, 155(1-2): 405-412.

[138] Sabnis J S, Jong F J D. Calculation of the two-phase flow in an evaporating spray using an Eulerian-Lagrangian analysis[C]. Reno: 28th Aerospace Sciences Meeting, 1990.

[139] Modak A. Detailed numerical simulation of an isolated droplet/particle combustion with application to combustion of metals[D]. Colorado: University of Colorado at Boulder, 2003.

[140] 田维平,蔡体敏,陆贺建,等.水冲压发动机热力计算[J].固体火箭技术,2006,29(2): 95-98.

[141] 韩超,夏智勋,胡建新,等.水燃比对水冲压发动机性能影响数值模拟与实验研究[J]. 国防科技大学学报,2009,31(4): 117-121.

[142] 李是良.水冲压发动机用镁基水反应金属燃料一次燃烧性能研究[D].长沙:国防科学技术大学,2002.

[143] 曹泰岳,常显奇,寋泽群,等.固体火箭发动机燃烧过程理论基础[M].长沙:国防科技大学出版社,1992.

[144] 姚强,李清水,王宇.燃烧学导论:概念与应用[M].第2版.北京:清华大学出版社,2009.

[145] 杨涛,方丁酉,唐乾刚.火箭发动机燃烧原理[M].长沙:国防科技大学出版社,2008.

[146] Abbud-Madrid A, Fiechtner G J, Branch M C, et al. Ignition and combustion characteristics of pure bulk metals: normal-gravity test results[C]. Reno: 32nd Aerospace Sciences Meeting and Exhibit, 1994.

[147] Miller T F, Herr J D. Green rocket propulsion by reaction of Al and Mg powders and water [C]. Fort Lauderdale: 40th AIAA/ASME/SAE/ASEE Joint Propulsion Conference and Exhibit, 2004.

[148] 于守志,刘兴洲,强十思,等.飞航导弹动力装置试验技术[M].北京:中国宇航出版

社,1990.

[149] 狄连顺.液体火箭发动机原理[M].长沙:国防科技大学出版社,1987.

[150] Athavale M M, Hendricks R C, Steinetz B M. Numerical simulation of flow in a whirling annular seal and comparison with experiments [R]. NASA STI/Recon Technical Report N, 1996.

[151] 李宜敏,张中钦,赵元修.固体火箭发动机原理[M].北京:国防工业出版社,1985.

[152] Proctor M P, Delgado I R. Continued investigation of leakage and power loss test results for competing turbine engine seals [C]. Sacramento: 42nd AIAA/ASME/SAE/ASEE Joint Propulsion Conference and Exhibit, 2004.

[153] 张为华.火箭推进技术基础[M].长沙:国防科技大学出版社,1998.

[154] 黄利亚,夏智勋,胡建新.水冲压发动机地面直连试验技术研究[J].推进技术,2009, 30(6):722-726.

[155] 田德余,刘剑洪.化学推进剂计算能量学[M].郑州:河南科学技术出版社,1999.

[156] 胡建新,夏智勋,刘君.颗粒轨道模型中颗粒跟踪与定位算法研究综述[J].弹道学报, 2005,17(1):82-87.

[157] 刘君.超音速完全气体和 H_2/O_2 燃烧非平衡气体的复杂喷流流场数值模拟[D].绵阳: 中国空气动力研究与发展中心,1993.

[158] 是勋刚.湍流[M].天津:天津大学出版社,1991.

[159] 张兆顺.湍流[M].北京:国防工业出版社,2002.

[160] 陈矛章.粘性流体动力学基础[M].北京:高等教育出版社,1993.

[161] Stowe A S, Dubois C, Harris P G. Performance prediction of a ducted rocket combustor using a simulated solid fuel[J]. Journal of Propulsion and Power, 2004, 20(5):936-944.

[162] 马智博.固体火箭冲压发动机补燃室流场数值计算方法研究[D].北京:北京航空航天 大学,1998.

[163] 徐春光.复杂喷流流场数值模拟及应用研究[D].长沙:国防科学技术大学,2002.

[164] 赵坚行.燃烧的数值模拟[M].北京:科学出版社,2002.

[165] Craft T J, Gerassimov A V, Iacovides H, et al. Progress in the generalization of wall function treatments[J]. International Journal of heat and Fluid Flow, 23(2002):148-160.

[166] Craft T J, Gant S E, Gerasimov A V. Development and application of wall-function treatments for turbulent forced and mixed convection flows[J]. Fluid Dynamics Research, 2006, 38:127-144.

[167] 金文.湍流结构及大涡模拟研究[J].能源与环境,2005,4:11-14.

[168] Taylor G I. Diffusion by continuous movement.[J], Proc. Royal Society London, 1921(2): 196-212.

[169] Kolmogorov A N. The local structure of turbulence in incompressible viscous fluid for very large Reynolds number[J]. Dokl. Akad. Nauk SSSR, 1941(30):9-13.

[170] Chou P Y, Chou R L. Fifty years turbulence research in China[J]. Annual Review of Fluid Mechanics, 1995, 27(1):1-16.

[171] Guzman M M, Fletcher C A J, Behnia M. Gas particle flows about a cobra probe with purging[J]. Computers and Fluids, 1995, 24:121-134.

[172] Oliveira P J, Gosman A D, Issa R I. A method for particle location and field interpolation on complex, three-dimensional computational meshes[J]. Advances in Engineering Software, 1997, 28: 607－614.

[173] Frank T, Schulze I. Numerical simulation of gas-droplet flow around a nozzle in a cylindrical chamber using a Lagrangian model based on a multigrid Navier-Stokes solver[J]. Numerical Methods for Multiphase Flows, 1994, 185: 93－107.

[174] Valentine J R, Decker R A. A Lagrangian-Eulerian scheme for flow around an airfoil in rain [J]. International Journal of Multiphase flows, 1995, 21: 639－648.

[175] Chen X Q. An efficient particle-tracking algorithm for two-phase flows in geometries using curvilinear coordinates[J]. Numerical Heat Transfer, 1997, 31: 387－405.

[176] Chen X Q, Pereira JC F. A new particle-locating method accounting for source distribution and particle-field interpolation for hybrid modeling of strongly coupled two-phase flows in arbitrary coordinates[J]. Numerical Heat Transfer, 1999, 35: 41－63.

[177] Zhou Q, Leschziner M A. An improved particle-locating algorithm for Eulerian-Lagrangian computations of two-phase flows in general coordinates [J]. International Journal of Multiphase flows, 1999, 25: 813－825.

[178] Chorda R, Blsco J A, Fueyo N. An efficient particle-locating algorithm for application in arbitrary 2D and 3D grids[J]. International Journal of Multiphase flows, 2002, 28: 1565－1580.

[179] 沈维道,郑佩芝,蒋淡安.工程热力学[M].北京: 高等教育出版社,1983.

[180] 周继珠,刘伟强,王中伟.工程热力学[M].长沙: 国防科技大学出版社,1999.

[181] 童景山,李敬.流体热物理性质的计算[M].北京: 清华大学出版社,1982.

[182] Gosteev Y A, Fedorov A V. Discrete-continual model of flame propagation in a gas suspension of metal particles [J]. Combustion, Explosion, and Shock Waves, 2005, 41(2): 190－201.

[183] 杨成虎.镁在水蒸气中着火和燃烧的特性和机理研究[D].杭州: 浙江大学,2008.

[184] 周奎.旋流式喷嘴横向流动中雾化场实验及数值分析[D].上海: 上海交通大学,2009.

[185] Kuehl D K. Ignition and combustion of aluminum and beryllium[J]. AIAA Journal, 1965, 3(12): 2239－2247.

[186] 休泽尔,朱宁昌.液体火箭发动机现代工程设计[M].北京: 中国宇航出版社,2004.

[187] 刘兴洲.飞航导弹动力装置[M].北京: 中国宇航出版社,1992.

[188] Lefebvre A H. Atomization and sprays[M]. Oxford: Taylor and Francis, 1989.